翟桂荣每日指导

翟桂荣 编著

北京妇产医院主任医师
中华医学会产科专家

# 坐月子就该这样吃

中国轻工业出版社

## 图书在版编目（CIP）数据

翟桂荣每日指导·坐月子就该这样吃/翟桂荣编著. -
北京：中国轻工业出版社，2016.5
　　ISBN 978-7-5184-0814-6

Ⅰ.①翟…　Ⅱ.①翟…　Ⅲ.①产妇-妇幼保健-食谱
Ⅳ.①TS972.164

中国版本图书馆CIP数据核字（2015）第310120号

责任编辑：付　佳　王芙洁　　责任终审：唐是雯　　封面设计：水长流
策划编辑：付　佳　王芙洁　　责任监印：马金路　　版式设计：水长流

出版发行：中国轻工业出版社（北京东长安街6号，邮编：100740）
印　　刷：北京博海升彩色印刷有限公司
经　　销：各地新华书店
版　　次：2016年5月第1版第1次印刷
开　　本：720×1000　1/16　印张：15
字　　数：280千字
书　　号：ISBN 978-7-5184-0814-6　　　　　定价：39.80元
邮购电话：010-65241695　传真：65128352
发行电话：010-85119835　85119793　传真：85113293
网　　址：http://www.chlip.com.cn
Email: club@chlip.com.cn
如发现图书残缺请直接与我社邮购联系调换
150253S7X101ZBW

# preface 前言

宝宝出生了，妈妈要坐月子喽！

想到坐月子，鸡、鸭、鱼、肉，参、鲍、燕、翅，就开始满脑子里晃荡。真这样的话，你就out了！

如今坐月子讲究科学、健康，不再是身上捂着月子服，手端一碗母鸡汤，补得浑身胖鼓鼓那样了。

新妈妈在分娩过程中消耗了很大的体力，再加上失血很多。分娩后身体很虚弱，子宫、产道等生殖系统也和怀孕之前有很大的不同，需要慢慢恢复。新妈妈的乳腺需要疏通，乳汁要保质保量。基于这些原因，月子里新妈妈要好好调养，补充身体需要的各种营养。

月子期饮食讲究营养均衡、粗细搭配、荤素结合，味道清淡，易消化，少食多餐。适量的热量、蛋白质、脂肪、碳水化合物、维生素、膳食纤维、矿物质及水分都是新妈妈必需的月子期营养素，当合理摄取。

月子里需要补充什么、应该怎么补，都要根据新妈妈的身体变化和实际情况做出调整，而不是盲目进食高热量、高脂肪、滋补性强、昂贵的东西。

产后第1周，新妈妈身体虚弱、脾胃虚弱，应当多吃些清淡的、易消化的、软烂的食物；同时多吃些有助活血化瘀、消肿止痛的食物。

产后第2周起，新妈妈可以多吃些通乳催乳的食物，促进乳腺通畅，帮助乳汁分泌。

经过前两周的调理，进入第3周、第4周，新妈妈的脾胃比刚分娩时好多了，已经可以进补了。这期间可以多吃补血补气、强身健体的食物，促进身体尽快恢复。

在专家的指导下，月子期科学合理地进行调理，吃对、吃好不再难！

# contents 目录

## PART 1 月子饮食科学观

### 一、坐月子必知的饮食要点......030

月子期的生理特点......030
产后进补四大重点......030
月子进补分阶段......031
饮食清淡易消化......032
摄取优质蛋白质......032
补充足够的热量......032
食物多样化......033
适时服用生化汤......033
剖宫产需先排气......033
剖宫产术后进食有要求......034
根据身体情况喝汤进补......034
喝进补汤有学问......035
一定要按时吃早餐......035
月子里补充水分很重要......036
科学补充水分......036

香油调理应注意......036
适量摄取膳食纤维......037
加强必需脂肪酸的摄取......037
产后这样吃肉不发胖......038
蔬菜水果不可少......039
月子宜吃水果......039
月子宜吃蔬菜......040
进补要适可而止......040
体质不同，产后吃法不同......041
春天坐月子吃法......041
夏天坐月子吃法......042
秋天坐月子吃法......042
冬天坐月子吃法......043
南北方坐月子饮食不同......043

## 二、月子里补养宜忌 …………… 044

### 宜

宜汤补 …………………………… 044

宜吃含胶质的食物 ………………… 044

宜多喝养肝汤 ……………………… 044

进补鸡汤宜适量 …………………… 045

宜适量吃魔芋 ……………………… 045

宜吃苹果去赘肉 …………………… 045

宜适量吃竹荪 ……………………… 045

### 忌

忌过早喝母鸡汤 …………………… 046

忌滋补过度 ………………………… 046

忌过食腌制食品 …………………… 047

忌产后马上节食 …………………… 047

忌吃过量红糖 ……………………… 047

忌吃辛辣温燥食物 ………………… 048

忌吃生冷食物 ……………………… 048

忌喝大量白开水 …………………… 048

忌过食酸味和咸味 ………………… 048

忌过量吃醋 ………………………… 049

忌多食味精 ………………………… 049

忌过用人参 ………………………… 049

忌吃过多鸡蛋 ……………………… 050

忌多盐和无盐 ……………………… 050

忌喝浓茶 …………………………… 050

忌过食煎炸、甜腻食品 …………… 051

忌过食乌梅 ………………………… 051

忌多喝黄酒 ………………………… 051

忌挑食、偏食、暴饮暴食 ………… 051

忌过食巧克力 ……………………… 052

忌烟酒 ……………………………… 052

忌多吃少动 ………………………… 052

# PART 2 月子营养素·食材·药材

## 一、新妈妈必需营养素 ...... 054

蛋白质：修复组织 ...... 054
脂肪：保护器官、促进脂溶性维生素吸收 ...... 056
碳水化合物：提供热量 ...... 057
钙：强筋健骨 ...... 058
铁：补血养血 ...... 060
维生素：健康多面手 ...... 062
膳食纤维：缓解便秘 ...... 064

## 二、优选营养食材 ...... 66

猪肉 ...... 066
猪蹄 ...... 067
猪血 ...... 068
猪肝 ...... 069
牛肉 ...... 070
鸡肉 ...... 071
鲫鱼 ...... 072
鲤鱼 ...... 073
黑鱼 ...... 074
鳝鱼 ...... 075
虾仁 ...... 076
鸡蛋 ...... 077
菠菜 ...... 078
番茄 ...... 079
黄花菜 ...... 080

三、常用滋补药材 ..................... 092

 党参 .......................... 093
 西洋参 ........................ 094
 当归 .......................... 095
 熟地 .......................... 096
 川芎 .......................... 097
 白芍 .......................... 098
 何首乌 ........................ 099
 黄芪 .......................... 100
 阿胶 .......................... 101
 桂圆 .......................... 102
 枸杞子 ........................ 103
 通草 .......................... 104
 路路通 ........................ 105
 茯苓 .......................... 106
 鱼腥草 ........................ 107
 甘草 .......................... 108
 莲子 .......................... 109
 百合 .......................... 110

莴笋 .............................. 081
莲藕 .............................. 082
胡萝卜 ............................ 083
白萝卜 ............................ 084
丝瓜 .............................. 085
木耳 .............................. 086
海带 .............................. 087
红枣 .............................. 088
芝麻 .............................. 089
花生 .............................. 090
小米 .............................. 091

# PART 3 坐月子饮食专家方案

**产后第一周：化瘀消肿** .................................................. 112

    新妈妈的身体变化 .................................................. 112

    剖宫产后宜喝萝卜汤 .................................................. 112

    顺产第一周饮食 .................................................. 113

    别急着喝催乳汤 .................................................. 113

    产后第1天 .................................................. 114

        **顺产妈妈一日食谱**

        早餐：枸杞糯米粥1碗 + 小包子1个 + 鸡蛋羹1碗

        中餐：香浓玉米饼2块 + 核桃炒猪腰1份 + 芹菜茭白汤1份

        15点加餐：香蜜茶1杯 + 木瓜1块 + 玉米面发糕1块

        晚餐：南瓜米饭1碗 + 彩椒墨鱼仔1份 + 蛋花汤1份

        20点加餐：莲藕排骨汤1份

        **剖宫产妈妈一日食谱**

        早餐：红糖小米粥2碗

        中餐：烂面条2碗 + 黑鱼汤1份

        15点加餐：黑芝麻糊1碗

        晚餐：蔬菜粥2碗 + 白萝卜排骨汤1份 + 酒酿冲蛋1碗

        20点加餐：藕粉1碗

## 产后第2天 ...................................................... 118

### 顺产妈妈一日食谱

早餐：花生糯米粥1碗 + 什锦包子2个 + 煮鸡蛋1个

中餐：米饭1碗 + 蚝油芦笋1份 + 黄豆炖排骨1份

15点加餐：香蕉1根 + 姜枣桃仁汤1碗

晚餐：菠菜汤面1碗 + 清炒虾仁1份

20点加餐：香菇牛肉汤1碗

### 剖宫产妈妈一日食谱

早餐：红枣山药粥1碗 + 素包子2个 + 牛奶鸡蛋羹1碗

中餐：二米饭1碗 + 牛肉萝卜汤1份 + 番茄炒鸡蛋1份

15点加餐：香蕉1根 + 小饼干5块

晚餐：番茄面1碗 + 紫菜瘦肉花生汤1份 + 鸡腿菇炒虾仁1份

20点加餐：八宝粥1碗

## 产后第3天 ...................................................... 120

### 顺产妈妈一日食谱

早餐：山药糊1碗 + 小炒木耳1份 + 豆渣花卷1个

中餐：米饭1碗 + 鸭血烧豆腐1份 + 香菇西蓝花1份

15点加餐：茯苓粥1碗 + 红提子6颗 + 生化汤1份

晚餐：三鲜炒饼1份 + 荷兰豆肉片汤1份

20点加餐：桃仁莲藕汤1份

### 剖宫产妈妈一日食谱

早餐：花生红枣粥1碗 + 圆白菜烩豆腐丝1份 + 红豆包2个

中餐：玉米燕麦饼1份 + 荷兰豆肉片汤1份 + 西蓝花炒虾球1份

15点加餐：木瓜炖牛奶1碗

晚餐：菠菜面1碗 + 香油猪肝1份 + 白萝卜排骨汤1份

20点加餐：红糖小米粥1碗

## 产后第4天 ......................................................................... 122

### 顺产妈妈一日食谱

早餐：何首乌黑豆粥1碗 + 花卷1个 + 煮鸡蛋1个 + 圣女果5颗

中餐：三鲜水饺1碗 + 莲子猪心汤1份 + 凉拌木耳1份

15点加餐：豆浆1杯 + 红豆包1个

晚餐：米饭1碗 + 菠菜炒鱼肚1份 + 益母草香附鸡肉汤1份

20点加餐：金针菇豆苗汤1碗

### 剖宫产妈妈一日食谱

早餐：菠菜瘦肉粥1碗 + 煮鸡蛋1个 + 凉拌小黄瓜1份

中餐：米饭1碗 + 乌鸡莼菜汤1份 + 番茄烧豆腐1份

15点加餐：藕汁饮1杯 + 全麦面包1个 + 草莓5颗

晚餐：素包子2个 + 芦笋炒鲜蘑1份 + 肉末小土豆汤1份

20点加餐：山楂粥1碗

## 产后第5天 ......................................................................... 124

### 顺产妈妈一日食谱

早餐：奶油吐司3片 + 牛奶1杯 + 苹果1个

中餐：杂粮米饭1碗 + 木樨肉1份 + 五彩银芽1份

15点加餐：牛奶鸡蛋羹1份 + 圣女果5颗

晚餐：素包子1个 + 花生莲藕排骨汤1份 + 什锦豌豆1份

20点加餐：益母红枣汤1碗

### 剖宫产妈妈一日食谱

早餐：鲜肉馄饨1碗 + 红豆包1个 + 凉拌小黄瓜1份

中餐：米饭1碗 + 西芹爆墨鱼片1份 + 芹菜香菇1份 + 海带金针菇汤1份

15点加餐：绿豆莲藕汤1碗 + 核桃仁3颗

晚餐：糙米八宝饭1碗 + 红枣鸡蛋汤1份 + 红烧鲳鱼1份

20点加餐：橙汁豆腐羹1碗

## 产后第6天 .................................................. 126

### 顺产妈妈一日食谱

早餐：小米粥1碗 + 莲蓉糖包1个 + 煎鸡蛋1个 + 凉拌菠菜1份

中餐：八宝饭1碗 + 黄豆焖鸡翅1份 + 紫菜蛋花汤1份

15点加餐：酒酿冲蛋1碗 + 葡萄10颗

晚餐：鸡丝面1碗 + 洋葱炒猪肝1份

20点加餐：牛奶红枣粥1碗

### 剖宫产妈妈一日食谱

早餐：萝卜丝饼2个 + 枸杞红枣粥1碗 + 肉末炒菠菜1份

中餐：黑糯米油菜饭1碗 + 芦笋炒瘦肉1份 + 山药牛蒡萝卜汤1份

15点加餐：红枣木耳汤1份 + 糯米莲藕1份

晚餐：杂豆米饭1碗 + 口蘑腰片1份 + 醋熘土豆丝1份

20点加餐：益母草茶1碗 + 全麦面包2片

## 产后第7天 .................................................. 128

### 顺产妈妈一日食谱

早餐：红薯饼1块 + 香蕉1根 + 翡翠豆腐羹1份

中餐：糙米八宝饭1碗 + 荠菜炒羊肝1份 + 莲藕排骨汤1份

15点加餐：枣泥奶饮1杯 + 黄金土豆饼1块

晚餐：排骨面1碗 + 芽姜鸡片1份 + 茼蒿腰花汤1份

20点加餐：苋菜牛肉羹1份

### 剖宫产妈妈一日食谱

早餐：鲜肉小馄饨1碗 + 南瓜饼2块 + 什锦蔬菜1份

中餐：米饭1碗 + 蟹肉粉丝煲1份 + 香芹炒猪肝1份

15点加餐：酸奶水果银耳羹1份 + 花生8颗

晚餐：荞麦面疙瘩汤1碗 + 蔬菜豆皮卷1份 + 芽姜鸡片1份

20点加餐：清炖牛尾汤1份

## 产后第二周：催生乳汁 ........................................... 130

### 新妈妈的身体变化 ........................................... 130
### 催乳需考虑新妈妈的身体状况 ........................... 130
### 催乳重量也重质 ........................................... 131
### 催乳应循序渐进 ........................................... 131
### 食量不宜过大 ........................................... 131
### 产后第8天 ........................................... 132

#### 哺乳妈妈一日食谱

早餐：豆腐馅饼2块 + 黑米粥1碗 + 西芹腐竹1份

中餐：杂豆饭1碗 + 土豆焖牛肉1份 + 鲜蘑炒豌豆1份 + 猪心莲子汤1份

15点加餐：枸杞红枣粥1碗 + 香芋酥2块

晚餐：番茄鸡蛋卤面1碗 + 奶汁鲫鱼汤1份 + 桃仁莴笋1份

20点加餐：酸奶1杯 + 鲤鱼汁粥1碗

#### 非哺乳妈妈一日食谱

早餐：桑葚枸杞猪肝粥1碗 + 红枣糕2块 + 煮鸡蛋1个

中餐：米饭1碗 + 彩椒墨鱼丝1份 + 茶树菇排骨汤1份

15点加餐：香橙核桃卷1个 + 牛奶1杯

晚餐：马蹄糕2块 + 木耳炒芹菜1份 + 香菇当归肉片汤1份

20点加餐：燕麦饼干2块 + 小米粥1碗

### 产后第9天 ........................................... 134

#### 哺乳妈妈一日食谱

早餐：灵芝核桃粥1碗 + 燕麦小面包2个 + 苹果1个

中餐：枸杞红枣糕2块 + 土豆炖鸡1份 + 丝瓜猪蹄汤1份 + 蒜蓉豆苗1份

15点加餐：木瓜蜂蜜茶1杯 + 马蹄糕1块

晚餐：米饭1碗 + 豆瓣鲤鱼1份 + 丝瓜烩菇片1份

20点加餐：云吞面1碗

### 非哺乳妈妈一日食谱

早餐：黄米红枣切糕1块 + 南瓜粥1碗 + 木耳拌青笋1份

中餐：米饭1碗 + 香芋焖鸭1份 + 香菇炒西蓝花1份

15点加餐：枸杞核桃豆浆1杯 + 香蕉1根 + 大杏仁20克

晚餐：清香玉米粽1个 + 薏仁马蹄猪肉汤1份 + 清蒸鲈鱼1份

20点加餐：银耳小米粥1碗

## 产后第10天 ......................................................... 136

### 哺乳妈妈一日食谱

早餐：黑米果仁粥1碗 + 橙汁糕2块 + 蒜泥苋菜1份

中餐：冬菇鸡肉饺10个 + 鲫鱼枸杞汤1份 + 南瓜蒸肉1份 + 胡萝卜炒蘑菇1份

15点加餐：香蕉蜜桃鲜奶1杯 + 蒜香法式面包1块

晚餐：米饭1碗 + 黄豆木瓜猪蹄汤1份 + 香菇油菜1份

20点加餐：酸奶水果银耳羹1碗

### 非哺乳妈妈一日食谱

早餐：葡萄香草蛋糕1块 + 银耳莲子糯米羹1碗 + 圣女果5颗

中餐：杂粮饭1碗 + 板栗烧鸡1份 + 芥末甘蓝丝1份

15点加餐：牛肉虾球羹1碗 + 芒果半个

晚餐：牛奶鸡丝汤面1碗 + 花生炖牛肉1份 + 木耳炒黄花菜1份

20点加餐：鲜菇汤1碗 + 香蕉1根

## 产后第11天 ......................................................... 138

### 哺乳妈妈一日食谱

早餐：红薯小窝头3个 + 凉拌小黄瓜1份 + 煮鸡蛋1个

中餐：番茄鸡蛋卤面1碗 + 栗子香菇焖鸽1份 + 肉丝拌茭白1份

15点加餐：牛肉花卷1个 + 酸奶1杯

晚餐：胶东大虾面1碗 + 香菇油菜1份 + 清蒸鲈鱼1份

20点加餐：花生奶露1杯 + 苹果1个

#### 非哺乳妈妈一日食谱

早餐：鸡丝汤面1碗 + 芝麻饼1个 + 香蕉1根

中餐：紫菜鳗鱼卷4个 + 栗子炖羊肉1份 + 芙蓉鲫鱼1份 + 白菜炒木耳1份

15点加餐：木瓜银耳羹1碗 + 玉米面发糕1块

晚餐：米饭1碗 + 田园小炒1份 + 腐竹蛤蜊汤1份

20点加餐：蜜枣牛奶饮1杯

## 产后第12天 ......................................................................... 142

#### 哺乳妈妈一日食谱

早餐：糯米阿胶粥1碗 + 凉拌芥蓝1份 + 三鲜包子1个

中餐：米饭1碗 + 乌鱼丝瓜汤1份 + 香油鸡1份 + 炝拌三彩腐竹1份

15点加餐：黑芝麻茶1杯 + 小面包1个 + 草莓5颗

晚餐：阳春面1碗 + 甘蓝蒸虾1份 + 茯苓豆腐1份

20点加餐：芝麻燕麦粥1碗 + 酥梨1个

#### 非哺乳妈妈一日食谱

早餐：土豆鸡蛋饼1块 + 绿豆小米粥1碗 + 生菜沙拉1份

中餐：米饭1碗 + 鸡丝苋菜1份 + 白萝卜炒猪肝1份 + 紫菜蛋花汤1份

15点加餐：香瓜1块 + 马蹄糕1块

晚餐：番茄菠菜面1碗 + 猴头菇炖鸡翅1份 + 家常豆腐1份

20点加餐：党参鸡肉粥1碗

## 产后第13天 ......................................................................... 146

#### 哺乳妈妈一日食谱

早餐：花生红枣粥1碗 + 豆面糕1块 + 香椿煎鸡蛋1份

中餐：米饭1碗 + 淡菜猪蹄汤1份 + 豆豉蒸排骨1份 + 干煸冬笋1份

15点加餐：果仁蒸糕1块 + 豆浆1杯

晚餐：白蘑肉丝面1碗 + 丝瓜海鲜汤1份 + 木樨肉1份

20点加餐：冬瓜乌鸡汤1碗

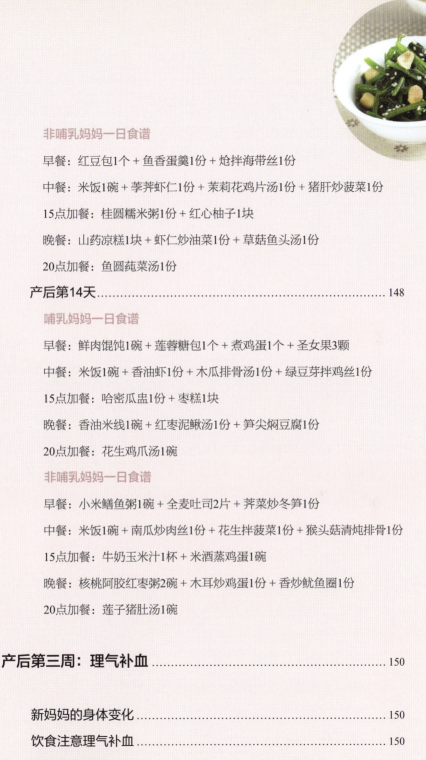

### 非哺乳妈妈一日食谱

早餐：红豆包1个 + 鱼香蛋羹1份 + 炝拌海带丝1份

中餐：米饭1碗 + 荸荠虾仁1份 + 茉莉花鸡片汤1份 + 猪肝炒菠菜1份

15点加餐：桂圆糯米粥1份 + 红心柚子1块

晚餐：山药凉糕1块 + 虾仁炒油菜1份 + 草菇鱼头汤1份

20点加餐：鱼圆莼菜汤1份

## 产后第14天 ................................................. 148

### 哺乳妈妈一日食谱

早餐：鲜肉馄饨1碗 + 莲蓉糖包1个 + 煮鸡蛋1个 + 圣女果3颗

中餐：米饭1碗 + 香油虾1份 + 木瓜排骨汤1份 + 绿豆芽拌鸡丝1份

15点加餐：哈密瓜盅1份 + 枣糕1块

晚餐：香油米线1碗 + 红枣泥鳅汤1份 + 笋尖焖豆腐1份

20点加餐：花生鸡爪汤1碗

### 非哺乳妈妈一日食谱

早餐：小米鳝鱼粥1碗 + 全麦吐司2片 + 荠菜炒冬笋1份

中餐：米饭1碗 + 南瓜炒肉丝1份 + 花生拌菠菜1份 + 猴头菇清炖排骨1份

15点加餐：牛奶玉米汁1杯 + 米酒蒸鸡蛋1碗

晚餐：核桃阿胶红枣粥2碗 + 木耳炒鸡蛋1份 + 香炒鱿鱼圈1份

20点加餐：莲子猪肚汤1碗

# 产后第三周：理气补血 ................................................. 150

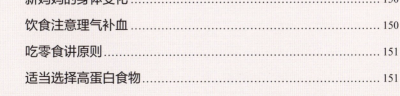

新妈妈的身体变化 ................................................. 150

饮食注意理气补血 ................................................. 150

吃零食讲原则 ................................................. 151

适当选择高蛋白食物 ................................................. 151

## 产后第15天 ............................................. 152

### 哺乳妈妈一日食谱

早餐：带鱼卷饼2块 + 菠菜粥1碗 + 小炒虾仁1份

中餐：馒头1个 + 黄瓜炒肉片1份 + 魔芋豆腐汤1份 + 蕨菜核桃仁1份

15点加餐：红枣莲子汤1碗 + 绿豆糕2块

晚餐：米饭1碗 + 丝瓜鲈鱼汤1份 + 栗子黄焖鸡1份 + 木耳炒百合1份

20点加餐：鸡蓉小米羹1碗

### 非哺乳妈妈一日食谱

早餐：鲜虾水饺1碗 + 煮鸡蛋1个 + 凉拌小黄瓜1份

中餐：米饭1碗 + 番茄排骨汤1份 + 芹菜炒猪肝1份

15点加餐：牛奶1杯 + 果仁饼干2块

晚餐：鸡蛋鱼粥1碗 + 小花卷1个 + 春笋炖鸡1份 + 蒜蓉空心菜1份

20点加餐：红枣鹌鹑蛋汤1份

## 产后第16天 ............................................. 156

### 哺乳妈妈一日食谱

早餐：牛奶1杯 + 奶油吐司2片 + 煎鸡蛋1个 + 凉拌小黄瓜1份

中餐：杂粮饭1碗 + 白菜烧带鱼1份 + 菠菜牡蛎汤1份

15点加餐：香蕉1根 + 藕粉1碗

晚餐：小馄饨1碗 + 玉米面发糕1块 + 墨鱼炖猪排1份 + 花生拌菠菜1份

20点加餐：西米露1碗

### 非哺乳妈妈一日食谱

早餐：红薯饼2块 + 皮蛋瘦肉粥1碗

中餐：素包子2个 + 枸杞桃仁鸡丁1份 + 清炒菠菜1份

15点加餐：锦绣蒸蛋1碗

晚餐：杂粮饭1碗 + 虾仁芹菜1份 + 黄花菜肉丝汤1份

20点加餐：黄芪牛肉蔬菜汤1份

## 产后第17天 .................................................. 158

### 哺乳妈妈一日食谱

早餐:枸杞红枣粥1碗 + 鲜肉包1个 + 拌海带丝1份

中餐:胡萝卜苹果炒饭1碗 + 黄芪茯苓煲乌鸡1份 + 花生拌菠菜1份

15点加餐:香蕉蜜桃鲜奶1杯 + 豆沙饼2块

晚餐:黑米粥1碗 + 肉末炒豆角1份 + 熘鸡肝1份 + 芝麻烧饼1个

20点加餐:花生黑芝麻糊1碗

### 非哺乳妈妈一日食谱

早餐:蒜香面包2片 + 小米粥1碗 + 拌三丝1份

中餐:米饭1碗 + 红枣炖牛肉1份 + 鱼圆莼菜汤1份

15点加餐:玉米粥1碗 + 鲜橙1个

晚餐:馒头1个 + 菠菜炒豆皮1份 + 香菇炒肉1份 + 紫菜蛋花汤1碗

20点加餐:薏米莲子羹1碗

## 产后第18天 .................................................. 160

### 哺乳妈妈一日食谱

早餐:桂圆红枣粥1碗 + 煮鸡蛋1个 + 香蕉1根

中餐:米饭1碗 + 花生炖蹄筋1份 + 无花果平菇汤1份

15点加餐:木瓜炖牛奶1碗 + 猕猴桃1个

晚餐:菠菜面1碗 + 山药枸杞炖羊肉1份 + 香菇西蓝花1份

20点加餐:橙汁冲米酒1杯 + 小蛋糕1个

### 非哺乳妈妈一日食谱

早餐:鸡汁粥1碗 + 黄米面馒头1个 + 豌豆炒鱼丁1份

中餐:红薯饼2块 + 虾皮炒茭白1份 + 鲫鱼炖豆腐1份

15点加餐:鳗鱼寿司卷3个 + 胡萝卜番茄汁1杯

晚餐:花生粥1碗 + 当归牛肉汤1份 + 香菇西蓝花1份 + 小花卷1个

20点加餐:核桃露1杯 + 饼干2块

## 产后第19天 ...................................................... 164

### 哺乳妈妈一日食谱

早餐：阿胶粥1碗 + 小面包2个 + 拌三丝1份+酱牛肉2片

中餐：米饭1碗 + 山药木耳炒肉片1份 + 薏米羊肉汤1份

15点加餐：燕麦饼干2块 + 樱桃50克

晚餐：花生糯米粥1碗 + 肉丁烧鲜贝1份 + 芦笋炒香干1份+小花卷1个

20点加餐：什锦包子1个 + 牛奶1杯

### 非哺乳妈妈一日食谱

早餐：菠菜面1碗 + 荷包蛋1个 + 香蕉1根

中餐：米饭1碗 + 清炒虾仁1份 + 枸杞乌鸡煲1份 + 脆芹拌腐竹1份

15点加餐：杏仁露1杯 + 饼干2块

晚餐：麻酱花卷1个 + 白菜肉丝汤1份 + 香葱焓木耳1份

20点加餐：山药凉糕1块

## 产后第20天 ...................................................... 166

### 哺乳妈妈一日食谱

早餐：蜜枣桂圆姜汁粥1碗 + 白菜猪肉包1个 + 香蕉1根

中餐：拉面1碗 + 荸荠虾仁1份 + 太子参焖猪蹄1份 + 清炒荷兰豆1份

15点加餐：蛋糕2块 + 葡萄汁1杯 + 核桃仁30克

晚餐：小米饭1碗 + 肉末烧豆腐1份 + 清炒菠菜1份

20点加餐：西米露1碗 + 草莓60克

### 非哺乳妈妈一日食谱

早餐：阿胶鸡蛋粥1碗 + 牛肉饼1个 + 清炒小油菜1份

中餐：糙米饭1碗 + 清蒸基围虾1份 + 红枣木耳猪腱汤1份

15点加餐：开心果30克 + 蜂蜜柚子茶1杯

晚餐：鸡蛋面1碗 + 香芹炒猪肝1份 + 三鲜冬瓜汤1份

20点加餐：火龙果半个 + 桂花糕1块

产后第21天 ……………………………………………………… 168

### 哺乳妈妈一日食谱

早餐：麻酱花卷1个 + 猪肝粥1碗 + 嫩姜拌莴笋1份

中餐：香菇鸡肉水饺1份 + 清炒空心菜1份 + 猪蹄茭白汤1份

15点加餐：高纤饼干5块 + 豆浆1杯

晚餐：豆沙包2个 + 鲫鱼炖豆腐1份 + 木耳炒芹菜1份

20点加餐：苹果1个 + 奶酪饼干2块

### 非哺乳妈妈一日食谱

早餐：绿豆粥1碗 + 雪菜肉包1个 + 凉拌海带丝1份

中餐：玉米小窝头2个 + 首乌红枣羊肉汤1份 + 栗子鸡丁1份

15点加餐：肉夹馍1个 + 番茄汁1杯

晚餐：米饭1碗 + 小炒黄牛肉1份 + 香菇鲫鱼汤1份 + 凉拌藕片1份

20点加餐：腰果30克 + 酸奶1杯

## 产后第四周：增强体质 …………………………………… 170

新妈妈的身体变化 ……………………………………………… 170

饮食上注意增强体质 …………………………………………… 170

黄金饮食原则要记牢 …………………………………………… 171

这些美食你值得拥有 …………………………………………… 171

产后第22天 ……………………………………………………… 172

### 哺乳妈妈一日食谱

早餐：什锦面1碗 + 豆浆1杯 + 香蕉1根

中餐：米饭1碗 + 西葫芦炒虾仁1份 + 菠萝鸡片1份 + 木耳炒胡萝卜1份

15点加餐：香瓜1个 + 煮花生1把

晚餐：米饭1碗 + 青椒肉丝1份 + 猪蹄茭白汤1份

20点加餐：鲜虾吐司卷1个 + 苹果汁1杯

### 非哺乳妈妈一日食谱

早餐：花卷1个 + 玉米粥1碗 + 银丝菠菜1份

中餐：紫薯馒头2个 + 滑蛋虾仁1份 + 海带炖鸡汤1碗 + 清炒蒿子杆1份

15点加餐：煮玉米1根 + 苹果1个

晚餐：米饭1碗 + 参芪玉米烧排骨1份 + 清炒冬笋片1份 + 丝瓜木耳汤1份

20点加餐：桂圆5颗 + 核桃小面包1个

## 产后第23天 ...... 174

### 哺乳妈妈一日食谱

早餐：牛奶梨片粥1碗 + 金枪鱼三明治1块 + 煮鸡蛋1个

中餐：米饭1碗 + 木瓜鲤鱼煲1份 + 茭白炒蚕豆1份

15点加餐：黑芝麻汤圆1碗

晚餐：通心粉1碗 + 芝士焗虾1份 + 清炒豆苗1份

20点加餐：香芋卷1份 + 鲜桑葚50克

### 非哺乳妈妈一日食谱

早餐：豆沙包2个 + 桂花米酒1碗 + 花生拌瓜丁1份

中餐：米饭1碗 + 粉蒸肉1份 + 酱爆薯丁1份 + 莴笋炒豆腐1份

15点加餐：猕猴桃草莓汁1杯 + 鸡蛋布丁1份

晚餐：鳝鱼面1碗 + 香炒蛏子1份 + 手剥笋1份

20点加餐：葵花子1小把 + 牛奶1杯

## 产后第24天 ...... 176

### 哺乳妈妈一日食谱

早餐：紫薯粥1碗 + 香椿煎鸡蛋1份 + 素包子1个

中餐：炸酱面1碗 + 黄精鳝片1份 + 海带栗子汤1份 + 清炒荷兰豆1份

15点加餐：桂花糕1块 + 红枣枸杞茶1杯

晚餐：米饭1碗 + 清炒口蘑1份 + 竹荪鸡汤1份

20点加餐：酸奶1杯 + 果仁茯苓饼1块

### 非哺乳妈妈一日食谱

早餐：蟹黄包2个 + 芝麻粥1碗 + 凉拌莴笋丝1份

中餐：米饭1碗 + 红烧肉1份 + 木耳冬瓜蛋皮汤1份

15点加餐：水晶包1个 + 红枣豆浆1杯

晚餐：小米粥1份 + 鲜笋肚片1份 + 丝瓜炖鱼头1份

20点加餐：大杏仁30克 + 木瓜汁1杯

## 产后第25天 ......................................................... 178

### 哺乳妈妈一日食谱

早餐：灌汤包2个 + 煮鸡蛋1个 + 花生牛奶1杯 + 圣女果5颗

中餐：米饭1碗 + 清炖猪蹄1份 + 清炒芥蓝1份 + 山珍什菌汤1份

15点加餐：蓝莓蛋挞2个 + 哈密瓜汁1杯

晚餐：糙米饭1碗 + 青椒炒鱿鱼1份 + 莴笋冬菇汤1份

20点加餐：山药紫薯小汤圆1碗

### 非哺乳妈妈一日食谱

早餐：山药鱼片粥1碗 + 蒸紫薯1个 + 煮鸡蛋1个 + 凉拌茼蒿1份

中餐：米饭1碗 + 肉末豆腐1份 + 韭菜炒河虾1份 + 三丝莼菜汤1份

15点加餐：樱桃50克 + 奶酪蛋糕1块

晚餐：鸡丝面1份 + 牛蒡乌鸡汤1份 + 凉拌折耳根1份

20点加餐：八宝粥1碗

## 产后第26天 ......................................................... 180

### 哺乳妈妈一日食谱

早餐：小米粥1碗 + 千层饼1块 + 凉拌金针菇1份

中餐：米饭1碗 + 清炒竹笋1份 + 芋头烧牛肉1份 + 当归猪血羹1份

15点加餐：草莓苹果奶1杯 + 桂圆杞子糕1块

晚餐：青菜汤面1碗 + 丝瓜炒鸡蛋1份 + 雪菜黄鱼汤1份

20点加餐：烤红薯1个

非哺乳妈妈一日食谱

早餐：酒酿小圆子1碗 + 荷包蛋1个 + 酸奶1杯 + 圣女果5颗

中餐：苹果胡萝卜羊肉粥1碗 + 金枪鱼沙拉1份 + 蒜香排骨1份 + 素包子1个

15点加餐：双皮奶1份 + 开心果1小把

晚餐：玉米粥1碗 + 红枣猪皮蹄筋汤1份 + 芽姜鸡片1份 + 馒头1个

20点加餐：鲜椰汁1杯 + 菠萝1块

## 产后第27天 .................................................................. 184

哺乳妈妈一日食谱

早餐：豆浆1杯 + 葱花饼1块 + 煮鸡蛋1个 + 凉拌茼蒿1份

中餐：麻酱花卷2个 + 清蒸鲈鱼1份 + 素炒西蓝花1份 + 肉丁黄豆汤1份

15点加餐：双皮奶1份 + 葡萄30克

晚餐：西米樱桃粥1碗 + 松仁玉米1份 + 桑葚牛骨汤1份 + 白菜猪肉包1个

20点加餐：红薯燕麦粥1碗 + 苹果1个

非哺乳妈妈一日食谱

早餐：芡实瘦肉粥1碗 + 家常土豆饼2块 + 牛奶1杯

中餐：米饭1碗 + 香煎鳕鱼1份 + 蕨菜肉丝汤1份 + 芦笋炒鲜蘑1份

15点加餐：煮黑玉米1根

晚餐：草莓绿豆粥1碗 + 胡萝卜牛肉煲1份 + 山药炒鱼片1份 + 家常饼1块

20点加餐：香橙核桃卷1个 + 茉莉蜂蜜茶1杯

## 产后第28天 .................................................................. 186

哺乳妈妈一日食谱

早餐：红枣乌梅粥1碗 + 茯苓饼2块 + 绿豆芽炒豆腐丝1份

中餐：米饭1碗 + 牛肉健脾丸1份 + 竹筒蒸肉1份 + 丝瓜紫菜汤1份

15点加餐：核桃仁30克 + 椰奶西米露1杯

晚餐：小米红薯粥1碗 + 糖醋鱼1份 + 清炒小油菜1份 + 小花卷1个

20点加餐：香蕉1根 + 苹果派1块

**非哺乳妈妈一日食谱**

早餐：百合银耳羹1碗 + 荷包蛋1个 + 牛奶1杯 + 豆苗拌桃仁1份

中餐：米饭1碗 + 板栗玉米炖排骨1份 + 青椒炒山药片1份 + 蕨菜肉丝汤1份

15点加餐：鲜椰汁1杯 + 开心果1小把

晚餐：紫菜鳗鱼卷2个 + 虾仁炒油菜1份 + 香葱炝木耳1份

20点加餐：酸奶1杯 + 香橙核桃卷1个

## 产后第29天 ......................................................... 188

**哺乳妈妈一日食谱**

早餐：栗子腰片粥1碗 + 蒸紫薯1个 + 荷包蛋1个 + 圣女果5颗

中餐：鸡丝面1份 + 煮黑玉米1根 + 香煎鳕鱼1份 + 凉拌猪耳1份

15点加餐：双皮奶1份 + 饼干2块

晚餐：米饭1碗 + 肉末豆腐1份 + 金枪鱼沙拉1份 + 三丝莼菜汤1份

20点加餐：芝麻燕麦粥1碗 + 酥梨1个

**非哺乳妈妈一日食谱**

早餐：核桃虾仁粥1碗 + 小笼包3个 + 荷包蛋1个 + 凉拌莴笋1份

中餐：蛋包饭1份 + 豆腐鲫鱼汤1份 + 芦笋甜椒鸡片1份

15点加餐：全麦小面包1个 + 猕猴桃汁1杯

晚餐：番茄牛肉意面1份 + 苹果蜜枣无花果汤1份 + 豆干拌西芹1份

20点加餐：桑葚草莓布丁1份

## 产后第30天 ......................................................... 190

**哺乳妈妈一日食谱**

早餐：馒头1个 + 绿豆紫薯粥1碗 + 豆苗拌鸡丝1份

中餐：杂粮饭1碗 + 肉丁炒胡萝卜1份 + 黄花木耳炒鸡片1份 + 冬瓜鲜虾汤1碗

15点加餐：松子仁粥1份 + 葡式蛋挞1个

晚餐：菠菜鸡蛋面1碗 + 墨鱼仔肉片汤1份 + 凉拌藕片1份

20点加餐：香蕉1根 + 煮花生1小把

### 非哺乳妈妈一日食谱

早餐：花生红豆粥1碗 + 南瓜发糕1块 + 银丝菠菜1份

中餐：小米饭1碗 + 香菇竹荪煲鸡汤1碗 + 韭菜炒海肠1份

15点加餐：玉米燕麦糊1碗 + 核桃仁30克

晚餐：红薯粥1碗 + 西蓝花炒牛肉1份 + 蔬菜沙拉1份 + 发面饼1块

20点加餐：花生杏仁露1杯 + 玫瑰饼1块

# PART 4 产后不适特效食疗

**一、贫血** ............ 194

    **症状** ............ 194
    **原因** ............ 194
    **饮食调理** ............ 194
    鸡肝粥 ............ 195
    葡萄粥 ............ 195
    鸡汁补血粥 ............ 196
    荔枝粥 ............ 196
    桑葚蜂蜜膏 ............ 197
    木耳红枣橙味粥 ............ 197
    香芋牛肉煲 ............ 198

    牛骨髓蒸蛋 ............ 198
    人参蛤蜊汤 ............ 199
    桂圆黑豆排骨汤 ............ 199
    陈皮参芪猪心汤 ............ 200
    黑芝麻黑豆泥鳅汤 ............ 200
    羊肉红枣汤 ............ 201
    首乌黑豆牛肉汤 ............ 201

## 二、便秘 ...... 202

### 症状 ...... 202
### 原因 ...... 202
### 饮食调理 ...... 202
决明子粥 ...... 203
陈皮粥 ...... 203
五豆糙米粥 ...... 204
红薯粥 ...... 204
萝卜粥 ...... 205
芹菜粥 ...... 205
无花果粥 ...... 206
荠菜饮 ...... 206
蜂蜜柚子茶 ...... 207
草莓葡萄菠菜汁 ...... 207
南瓜绿豆汤 ...... 208
菠菜魔芋汤 ...... 208
芥菜魔芋汤 ...... 209
山药蔬菜烩 ...... 209

## 三、恶露不净 ...... 210

### 症状 ...... 210
### 原因 ...... 210
### 饮食调理 ...... 210
山楂番茄汤 ...... 211
当归三七乌鸡汤 ...... 211
红枣乌梅粥 ...... 212
山楂麦芽汤 ...... 212
红曲米粥 ...... 213
莲藕粥 ...... 213
玫瑰桂圆醋 ...... 214
佛手苹果菠萝汤 ...... 214
玫瑰杏仁豆腐 ...... 215
绿豆煮莲藕 ...... 215
山楂糕 ...... 216
桃仁饼 ...... 216
山楂苹果汤 ...... 217
银耳藕粉 ...... 217

## 四、乳房胀痛 ...... 218

症状 ...... 218
原因 ...... 218
饮食调理 ...... 218
花生通草粥 ...... 219
通草猪蹄汤 ...... 219
鲫鱼通乳汤 ...... 220
柴胡当归饮 ...... 220
蒲公英金银花粥 ...... 221
人参黄精猪蹄汤 ...... 221

## 五、产后抑郁 ...... 222

症状 ...... 222
原因 ...... 222
饮食调理 ...... 222
百合粥 ...... 223
酸枣仁粥 ...... 223
枣碎小米粥 ...... 224
柏子仁粥 ...... 224
莲子粥 ...... 225
茯苓红枣粥 ...... 225
梅花栗子粥 ...... 226
核桃天麻炖草鱼 ...... 226
柏子仁煮花生 ...... 227
百合沙参瘦肉汤 ...... 227
百合黑芝麻猪心汤 ...... 228
养心三丝汤 ...... 228
酸枣仁排骨汤 ...... 229
天麻鱼头汤 ...... 229

## 六、腹痛 .................................. 230

### 症状 .................................. 230
### 原因 .................................. 230
### 饮食调理 .............................. 230
油菜粥 .................................. 231
桃仁粥 .................................. 231
当归川芎生姜羊肉汤 ...................... 232
桂圆红枣红参汤 .......................... 232
生姜红糖饮 .............................. 233
桂皮红糖汤 .............................. 233

## 七、水肿 .................................. 234

### 症状 .................................. 234
### 原因 .................................. 234
### 饮食调理 .............................. 234
薏米粥 .................................. 235
冬瓜粥 .................................. 235
荷叶莲子粥 .............................. 236
玉米楂粥 ................................ 236
莴笋粥 .................................. 237
杏仁薏米粥 .............................. 237
薏米红豆粥 .............................. 238
鱼腥草粥 ................................ 238
绿豆荷叶粥 .............................. 239
黄花菜炒黄瓜 ............................ 239
蒜蓉空心菜 .............................. 240
牛奶豆腐鲫鱼汤 .......................... 240

PART

1

# 月子饮食科学观

宝宝降生了,新妈妈需要好好滋补调理,才有助身体恢复;
摄入各种营养丰富的催奶食物,
才能为宝宝提供充足、甜美的乳汁。
新妈妈一定要坐好月子,
注意科学饮食,才能吃对强体不增肥。

# 一 坐月子必知的饮食要点

说到坐月子,新妈妈总会想到各种大鱼大肉、美味佳肴。坐月子一定得吃好,但决不是乱吃。新妈妈月子期的饮食一定要科学,实现营养充足而均衡,以促进身体尽快恢复。

## 月子期的生理特点

女性在生产过程中要耗费大量体力,失血多,身体虚弱,既要恢复自身的生理功能,同时还要哺乳,因此,月子饮食首先要补充充分的热量和各种营养素,同时还要照顾尚未恢复的胃肠功能。根据这些生理变化特点,月子里饮食进补应该循序渐进,不宜操之过急。

## 产后进补四大重点

1. "精"是指饮食不宜过多,要选择富含优质蛋白质的食物,如鱼、禽、蛋、畜肉及海产品等。

2. "杂"是指食物品种多样化。产后饮食虽有讲究,但忌口不宜过多,要注意荤素搭配。原则上要强调营养均衡、全面。

3. "稀"是指水分要多一些。乳汁分泌是新妈妈产后需水量增加的原因之一,此外,产后出汗较多,体表的水分挥发也大于平时。因此,要多喝营养汤粥等。

4. "软"是指食物烧煮方法要以稀软为主。产妇的饭要煮得软一些,少吃油炸食品,少吃坚硬带壳的食物,多用炖、煮、蒸等方式烹饪食物。新妈妈产后体力透支,胃肠功能未恢复,过硬的食物对牙齿不好,也不利于消化吸收。

专家指导

新妈妈月子里每日餐次以5~6次为宜。少食多餐有利于食物消化吸收,保证充足的营养。产后胃肠功能减弱,蠕动减慢,如一次进食过多过饱,反而增加胃肠负担,从而减弱胃肠功能。

## 月子进补分阶段

月子里新妈妈不能一味进补,要分阶段,分个体情况,一边调理一边进补。月子餐要针对新妈妈的不同阶段来满足不同需求,共分为以下几个阶段。

|  |  |
| --- | --- |
| **第一阶段**<br>产后1~3天 | 排净恶露、化瘀消肿、愈合伤口。排净各种代谢废物及瘀血等,促进分娩过程中造成的各种撕裂、损伤和术后刀口的愈合 |
| **第二阶段**<br>产后4~7天 | 化瘀消肿、开胃增食、催生乳汁。消除身体损伤和刀口部位组织肿胀现象,促进乳腺通畅,促进乳汁分泌,增进食欲,补充体力 |
| **第三阶段**<br>产后8~14天 | 修复组织、调理脏器、通乳催乳。修复怀孕期间承受巨大压力的各个组织器官;促进子宫收缩,恢复子宫的正常功能;通过膳食调理增加乳汁的数量和质量,促进脏器、体能的恢复 |
| **第四阶段**<br>产后15~21天 | 增强体质、养血补气、催乳生乳。调节人体内微环境、增强体质,补铁补血,促进脏器尽快恢复到健康状态,进一步催生乳汁 |
| **第五阶段**<br>产后22~28天 | 滋补元气、补精补血、恢复体力。调节体内环境,增强抵抗力,使机体尽快复原 |
| **第六阶段**<br>产后29~42天 | 修身健体、理气补血。通过膳食调理增强机体自我修复能力,恢复肌肉弹性,使各脏器恢复到孕前水平 |

### 饮食清淡易消化

新妈妈的消化功能往往较差，特别是在分娩后的半个月之内，更需要受到保护。如果这时吃过于油腻的食物，会增加新妈妈胃肠道的负担，易使其脾功能受损，引起消化不良，影响食欲和睡眠，不利于身体健康。所以新妈妈在月子期间一定不要只是大鱼大肉的进补，还应吃些清淡又能健胃的食物。

### 摄取优质蛋白质

月子里要多吃一些优质的动物蛋白质，如鸡肉、鱼肉、猪瘦肉、动物肝脏等，牛奶、豆类也是新妈妈必不可少的补养佳品。但蛋白质不宜过量，一般每天摄取80克左右即可。否则会加重肝肾负担，还易造成肥胖。

### 补充足够的热量

产后新妈妈所需要的热量较高，每日需2000～2500千卡的热量。哺乳的新妈妈应该每日再增加500千卡左右的热量。蛋白质、脂肪和碳水化合物是人体热量的主要来源，应适量补充。

## 食物多样化

食物应保证多种多样，粗粮和细粮都要吃，不能只吃精米精面，还要搭配杂粮，如小米、燕麦、玉米、糙米、红豆、绿豆等。而且要选用品种、形态、颜色、口感多样的食物，变换烹调方法，这样既可保证各种营养的摄取，还可让蛋白质起到互补的作用，提高食物的营养价值，对新妈妈恢复身体很有益处。

## 适时服用生化汤

生化汤主要由当归、川芎、桃仁、干姜、炙甘草组成。当归可以养血补血，川芎可以行气、活血，桃仁可以活血化瘀，干姜可以温经止痛，炙甘草可以补中益气。整个方子的目的就在养血活血、促进子宫收缩、排恶露。

生化汤原先是在产后48～72小时服用，但现在自然产的新妈妈这段时间几乎都在医院，由医生开出有关子宫收缩的药物让新妈妈服用。在两者不能一起服用的情况下，多从产后第3天开始服用生化汤。

通常生化汤喝上5～7剂即可。一般每天1剂，每剂药加4杯水煮成2杯，分2次喝。

喝生化汤时间不要过长，过长反而对子宫内膜的修复不利，会让新生子宫内膜不稳定，造成出血不止。

**对于产后恶露排出通畅而无小腹疼痛的新妈妈，不必服用生化汤。因为此方有逐瘀之效，会造成出血。新妈妈若产后流血过多，且瘀血已清，也不可服用生化汤。另外，血热身燥者也不宜服用。**

## 剖宫产需先排气

剖宫产手术中，肠道受到挤压，肠蠕动减弱，产后会出现腹胀。通常需要经过24～48小时后，肠道功能才会逐渐恢复。肛门排气是肠蠕动的标志，表明新妈妈肠道功能基本恢复。只有在肠蠕动恢复后才可以进食半流食及正常食物。一般剖宫产后24小时后会出现排气，若在48小时之后还未排气，则为异常情况，必须找医生检查处理。

专家指导

生化汤一定要经中医师诊断，配合自己的体质服用。如果在服用生化汤后发现出血量增加，就必须及时停止，以免导致严重出血造成贫血。

## 剖宫产术后进食有要求

剖宫产术后6小时内严格禁食。因为在这段时间，新妈妈的麻醉药效并没有完全消除，此时进食可能会导致新妈妈呛咳、呕吐等。如果实在口渴，可以定时喝少许温水来缓解。

1. 术后6~8小时，可食用无糖藕粉、米汤等清淡易消化的流食。可以少量多次，例如2~4小时一次，每次50~100毫升，不仅可以促进胃肠道功能的恢复和排气，还可以避免加重胃肠道负担。

2. 术后进食不宜过多。剖宫产手术时肠道受到刺激，容易出现便秘、产气增多、腹压增高，不利于康复。

3. 术后不宜多吃滋腻食物，以免加重消化道负担。若出现伤口发炎等，应忌食羊肉等温燥发物，以免不利于伤口愈合。

## 根据身体情况喝汤进补

每个人的体质不同，对营养的需求也不完全相同，适当地喝汤进补是可以的，但不恰当的进补反而对身体不利。

产后恶露排出不畅、下腹隐痛的女性，可以用益母草煲汤。如果没有这类情况，不宜服用益母草，以免出现产后出血增加或便秘。

如果家中有进补的习惯，想将桂圆、黄芪、党参、当归等补血补气的中药煲汤给新妈妈喝也是可以的。但最好等伤口血止或恶露颜色不再鲜红时再补，否则会增加产后出血的可能。

汤补也应遵循"由清到浓"的原则，即产后头几天主要为清汤，口味清淡少油腻，等成功通乳后可适当进食富含蛋白质的猪蹄汤、鸡汤等。

**专家指导**

剖宫产术后不宜马上吃产气多的食物。产气多的食物有黄豆及豆制品、红薯等，食后易在腹内发酵，在肠道内产生大量气体而引发腹胀。

## 喝进补汤有学问

喝汤也有学问，一味盲目喝的话，说不定会适得其反。

坐月子尽量不要吃太油腻的东西，要少放糖、盐、味精，避免用燥热的材料。新妈妈的汤要去油，像鸡汤可以把鸡皮去掉后再炖，或者炖好后撇去浮油。和猪蹄汤相比，鱼汤、瘦肉汤、排骨汤更适宜新妈妈饮用，不过营养多半在汤渣里，喝汤时还应适当吃点汤渣。另外，新妈妈可以搭配着喝一点蛋汤、蘑菇汤、白菜汤等较为清淡的汤。

肉汤不要过浓，肉汤越浓，脂肪含量越高，乳汁中的脂肪含量也就越多，含有高脂肪的乳汁不易被婴儿吸收，往往会引起新生儿腹泻。

如果新妈妈担心汤里的油脂会使自己发胖，可以把汤凉凉一些，然后用吸管喝，这样就可以避免摄入浮在汤表面的油脂了。

## 一定要按时吃早餐

早餐是一天中必不可少的，它能填补空了一晚上的肚子，还能补充一天的营养和热量。经过一夜的消耗，热量几乎耗尽，尤其是新妈妈多半还要夜里起来喂2~3次奶，到了早上非常需要富含碳水化合物的早餐来重新补充、储藏热量。

不吃早餐或早餐吃得少，会让新妈妈在午饭时出现明显的饥饿感，而在中午吃下过多的食物，多余的热量就会在体内转化为脂肪。此外，新妈妈的早餐也是上午奶水充足的重要保证。

所以新妈妈一定要按时吃早餐，并且吃饱吃好，保证自己和宝宝的健康。

## 月子里补充水分很重要

新妈妈分娩后，除了生殖系统变化之外，消化系统、心血管系统、内分泌系统、泌尿系统都会有相应的改变。产后最初几天，新妈妈常常感到口渴，食欲不佳，这是由于胃液中盐酸分泌减少、胃肠道的肌张力及蠕动能力减弱的原因；而皮肤的排泄功能变得极旺盛，特别爱出汗；新妈妈还增加了给宝宝哺乳的任务，身体消耗很大。因此，在月子里补充大量的水分变得尤为重要。水分的补充还有助于缓解疲劳、排泄废物、促进乳汁分泌。

## 科学补充水分

温水很适合月子里的新妈妈，可作为补水首选。但注意不宜喝凉白开，否则寒凝气阻，容易气血不畅，还可能导致瘀血和浊邪无法顺利排出，有损身体健康。

另外，建议新妈妈在饮食中多点汤汤水水，让每日饮水经由食物自然地让身体吸收。可以在汤粥中加入适合新妈妈食用的食材，让身体在补充水分的同时，还能增加气血循环，迅速恢复体力。

市场上热销的"月子水"实际上是米酒水。如果其中含有酒精或酒精挥发得不够彻底，食用这种含酒精的米酒水，反而不利于新妈妈下奶。而且酒精会通过乳汁进入宝宝体内，会对宝宝的生长发育造成不良影响。

## 香油调理应注意

1. 伤口若有红肿疼痛时，禁止吃香油、人参、虾蟹、酒煮食物。

2. 香油可以帮助子宫收缩、排出恶露、预防产后便秘，建议产后1周后适量吃点香油料理的食物，如香油炒猪肝、香油苋菜、香油杜仲猪腰汤等，但用量不宜过多。

**专家指导**

新妈妈喝肉汤补水时，需要去除多余的油脂。因为肉汤中含有过多的脂肪，摄入越多，乳汁中的脂肪含量也越多。对新妈妈和宝宝都不利。

## 适量摄取膳食纤维

月子里有效补充膳食纤维能保持消化系统的健康,有增强免疫系统、通便、清肠健胃的益处。新妈妈若膳食纤维摄取不足,会出现便秘、痔疮等症状,乳汁的质和量也会下降,对宝宝营养的吸收不利。

新妈妈适当增加膳食中谷物,特别是粗粮的摄入是有益的。糙米富含膳食纤维,每100克糙米含有2.33克膳食纤维,哺乳期吃糙米,可以补充膳食纤维,促进肠胃消化,增强肠胃功能,增进食欲,促进排毒排便,减轻身体水肿现象。

膳食纤维最好还是从大量不同的食物来源中获得,这些食物来源包括燕麦、扁豆、蚕豆、坚果、水果以及绿叶蔬菜。蔬菜中大部分的膳食纤维在烹制过程中易被破坏,因此蔬菜最好不要烹制时间过长。

膳食纤维不是多多益善,要适量,其理想摄入量是每天25~30克。

## 加强必需脂肪酸的摄取

生产过后,身体需要必需脂肪酸帮助子宫收缩,促进受损细胞修复,维持正常视力,所以必需脂肪酸对新妈妈特别重要。

香油作为必需脂肪酸的良好食物来源,还具有润肠通便的效果,特别适合产后妈妈食用。

鱼油所提供的脂肪酸会影响凝血作用,所以建议伤口尚未愈合的新妈妈最好尽量以天然新鲜的深海鱼作为鱼油的补充来源,且控制量。

## 产后这样吃肉不发胖

只要遵循下面4大原则,新妈妈就完全不用担心吃肉会长胖了。

### 原则一:低脂、高蛋白的鱼肉、鸡肉、虾肉、兔肉和牛肉是首选

同样的肉,不同的部位,因为脂肪含量不一样,热量也不一样。因此吃哪块肉非常关键。比如鸡翅尖多是鸡皮和脂肪,热量就比鸡胸肉高。且鸡翅尖富含淋巴组织,多吃无益。

### 原则二:用小火长时间炖煮

肥肉用小火长时间炖煮后,饱和脂肪酸会下降30%～50%,每100克肥肉中胆固醇含量可由220毫克降到102毫克。新妈妈适当吃肉可增加皮肤弹性。

### 原则三:肉菜结合

吃肉时吃些蔬菜,不仅可调节口味,还容易被人体消化吸收。

### 原则四:汤肉共进

对新妈妈来讲,肉汤不可少。有人认为,肉汤的营养主要在汤里,其实不然,肉汤的营养主要在肉中,汤肉共进,不仅节约,而且也科学。

## 蔬菜水果不可少

不少老人认为,蔬菜、水果性偏凉,新妈妈不能吃。其实蔬菜、水果如果摄入不足,易导致便秘,医学上称为产褥期便秘。

蔬菜和水果富含人体"三宝",即维生素、矿物质和膳食纤维,可促进胃肠道功能的恢复,增进食欲,促进碳水化合物、蛋白质的吸收利用,还可以预防便秘,帮助达到营养均衡的目的。从可进食正常餐开始,水果先少量食用,如每日半个苹果,数日后逐渐增加至1~2个苹果;蔬菜开始每餐50克左右,逐渐增加至每餐200克左右。

## 月子宜吃水果

| | | |
|---|---|---|
| 猕猴桃 |  | 猕猴桃味甘酸、性凉,维生素C含量极高,有解热、止渴、利尿、通乳的功效,适量食用可强化免疫系统。但因其性凉,食用前可用热水烫温。每日1个为宜 |
| 苹果 |  | 苹果味甘、性凉,含有丰富的苹果酸、维生素、膳食纤维及矿物质。苹果能涩肠、生津、开胃、解暑,尤其对辅治产妇腹泻效果佳。苹果还能降低胆固醇、利尿降压,有利于患妊娠高血压综合征、肝功能不良产妇的产后恢复 |
| 木瓜 |  | 木瓜味甘、性温,富含膳食纤维、维生素C、胡萝卜素、钙、钾等。木瓜中含有一种番木瓜蛋白酶,有分解蛋白质的能力,有利于鱼肉、蛋类等食物的分解利用。木瓜还有催乳下乳的作用,新妈妈产后乳汁稀少或乳汁不下,均可用木瓜与鱼同炖后食用 |

 专家指导

产后失血过多的新妈妈可以吃点葡萄来补血,吃香蕉补血通便。产后体虚可以适量食用桂圆。产后吃山楂可增进食欲、帮助排出子宫瘀血。

## 月子宜吃蔬菜

| | | |
|---|---|---|
| 豌豆 | | 豌豆含磷十分丰富，每百克约含磷260毫克。豌豆煮熟淡食或者用豌豆苗捣烂榨汁服用，都可以起到通乳的作用 |
| 丝瓜 | | 丝瓜络是一种中药材，如果出现乳腺炎、乳汁分泌不畅时，建议将丝瓜络放在高汤内炖煮，可以起到通经活血、催乳下乳的功效 |
| 海带 | | 海带中含碘和铁较多，产妇适量食用能增加乳汁中碘和铁的含量，有利于新妈妈身体恢复、新生儿的生长发育 |
| 莲藕 | | 莲藕中含有大量的淀粉、维生素和矿物质，清淡爽口，可祛瘀生新、健脾益胃、润躁养阴、清热生乳。产妇多吃莲藕，能及早清除体内瘀血，增进食欲，帮助消化，促使乳汁分泌 |
| 莴笋 | | 莴笋含有多种营养成分，如叶酸、矿物质和膳食纤维等，能助长骨骼、坚固牙齿。其清热、利尿、活血、通乳的作用，尤其适合产后少尿及无乳的人食用 |
| 黄花菜 | | 黄花菜有消肿、利尿、解热、止痛、补血、健脑的作用，产褥期容易发生腹部疼痛、小便不利、面色苍白、睡眠不安的新妈妈，多吃黄花菜可消除以上症状 |

## 进补要适可而止

产后新妈妈元气大伤，需要适当进食一些高蛋白食物，如鸡肉、鱼肉、猪瘦肉、蛋、奶等。但如果新妈妈在坐月子期间，尤其是在吃得多动得少的冬季大量进补，很容易造成营养过剩，反而不利于恢复身材。因此新妈妈肉类进补要适可而止。坐月子期间饮食应该多样化，营养更要均衡。

## 体质不同，产后吃法不同

产后食补应该根据新妈妈的体质进行，不同体质食补也不同。

| 体质 | 特性 | 适用食物 |
| --- | --- | --- |
| 寒性体质 | 面色苍白，怕冷或四肢冰冷，口淡不渴，大便稀软，尿频色淡，痰涎清，涕清稀，舌苔白，易感冒 | 宜吃温补的食物，如香油鸡、桂圆红枣小米粥等。食用温补的食物或药补可促进血液循环，达到气血双补的目的 |
| 中性体质 | 不热不寒，无口干舌燥，无特殊常发作的疾病 | 饮食上较容易选择，可以食补与药补交替使用。如果补了之后口干、口苦或长痘，就停一下药补，吃些清热去火的蔬菜，也可喝一小杯纯葡萄汁 |
| 热性体质 | 面红目赤，怕热，四肢或手足心热，口干或口苦，大便干硬或便秘，痰涕黄稠，尿量少、色黄赤、味臭，舌苔黄或干，舌质红赤，易口破，皮肤易长痘疮 | 宜吃滋阴润燥的食物，例如山药鸡、糙米粥、鱼汤、丝瓜排骨汤、青菜豆腐汤、绿豆莲藕瘦肉粥。不宜多吃香油鸡 |

## 春天坐月子吃法

春天坐月子，新妈妈不宜吃过燥热、过辛辣、过油腻的食物。春天很多蔬菜都陆续上市了，新妈妈可以适当吃些新鲜的蔬菜，烹调方式以炖、蒸、煮为宜，口味宜清淡。

月子里新妈妈要多饮水、多喝汤和粥，能增加乳汁分泌。

产后胃肠蠕动较弱，故过于油腻的食物如肥肉、板油等应尽量少食，以免引起消化不良。

## 夏天坐月子吃法

夏天坐月子吃的食物最好以天然食物为主,不要过多地吃营养品。多食用含有钙、铁、维生素C和膳食纤维的食物,应季的新鲜蔬菜和水果可多多选择。祛湿解暑的食材可用于汤粥中,如绿豆红薯粥、丝瓜百合瘦肉汤等,可适量食用。

夏天坐月子的时候要多喝温水,补充出汗时流失的水分。绝对不能因为天气炎热而喝冰水或者冷饮,冰冻的饮料对身体没有好处。由于月子里的新妈妈活动较少,因此,每顿饭都不能吃太多,少食多餐更科学。

## 秋天坐月子吃法

秋天盛产的绿叶蔬菜中,最著名的要属菠菜和圆白菜了。菠菜含有丰富的叶酸和胡萝卜素,圆白菜则是很好的钙源。圆白菜、洋葱、番茄、彩椒和黄瓜,加上一点盐和橄榄油拌匀,不但能促进食欲,更可以满足新妈妈一天所需的大部分维生素、矿物质等营养素,有助于身体尽快康复。

秋天收获的坚果种类也很多,比如花生、栗子、核桃等。每天适量吃些坚果,可以补充多不饱和脂肪酸,有利于伤口愈合,健脑益智,补肾强体。但由于坚果的热量和脂肪含量较高,每天的摄入量不要超过30克。

## 冬天坐月子吃法

冬天坐月子的饮食，妈妈们记住一点，就是要"禁寒凉"。新妈妈坐月子应吃些营养高、热量高且易消化的食物。同时要多喝水，以促使身体迅速恢复及保证乳量充足。

产后多虚多瘀，应禁食生冷、寒凉之品。这些食物会引起产后腹痛、身痛等诸多疾病。

一些体质虚寒的新妈妈，在冬天吃水果可能会引起肠胃不适，此时，可以将水果切块后用水稍煮一下，连渣带水一起吃。

在冬季，坐月子的新妈妈还要勤补钙和维生素D。新妈妈刚生完小宝宝，体内钙的流失较大。加上天气寒冷，在冬季坐月子不可能经常开窗晒太阳或去户外运动，不利于钙的合成和利用，因此更应该重视补钙和维生素D。

## 南北方坐月子饮食不同

**米酒**几乎是所有南方女人月子里的当家补品。酒酿营养丰富，富含碳水化合物、有机酸、维生素$B_1$、维生素$B_2$等，可益气、活血、散瘀、消肿，非常适合哺乳期女性通利乳汁。**红枣炒米茶**让新妈妈胃口好、皮肤红润，因为红枣有补脾和胃、养心安神、补血之效，而炒米有暖胃作用，可帮助新妈妈更好地吸收营养。

北方坐月子首选**小米粥**，可谓"顿顿小米粥"。小米是女人产后的上选补品，熬小米粥时，千万别把上面那层粥油（粥上那层皮）撇掉，这是小米最精华的部分，可益气健脾。喝着小米粥，就着**烤馒头片**，调理脾胃不再难。山东女人月子里少不了阿胶，产妇每天早晨吃两三匙**阿胶红枣羹**，补身又下奶。但应注意，阿胶性热滋腻，并不适合所有产妇。

**专家指导**

新妈妈冬天坐月子，每天适宜摄入钙1200毫克，而食疗是最安全可靠的方法。另外，产后继续补充一些高钙的孕产妇奶粉也不失为一种好办法。

# 月子里补养宜忌

月子里的饮食虽有很多禁忌，但并不意味什么都不能吃。请注意，同一种食材，也许换一种烹饪方式，便可由忌口到宜食。

##

### ◯ 宜汤补

中医认为，乳汁乃是气血化生，女性在产后容易出现气血亏虚、津液缺乏的现象，从而出现缺乳少乳。所以，民间有产后多喝汤的习惯，以补充津液、调和气血而化生乳汁。

一般来说，产后第1天应进食流质食物，如牛奶、鸡蛋汤、面片汤、蔬菜汤等；第2天可进食一些半流质食物，如稀粥、烂面条等，同时可喝一些鲫鱼汤、去油鸡汤等。随着胃口恢复和伤口的愈合，可慢慢增加肉丝蛋花汤、桂圆红枣汤、黄花猪蹄汤、猪蹄花生汤等，这些以荤为主、鲜美可口的汤，可补充营养，增加水分，促使乳腺分泌出足量优质的乳汁。

### ◯ 宜吃含胶质的食物

经过生产分娩，新妈妈的皮肤松弛是很自然的生理现象。在哺乳期间，体内营养消耗较大，如果不注意营养补充，会导致营养不良，出现面色晦黯无华、发质枯黄等。这时，要多吃些含胶质的食物，比如猪蹄汤、骨头汤等，以补充肌肤所需要的胶原蛋白。

### ◯ 宜多喝养肝汤

对于剖宫产的新妈妈，养肝汤可中和或去除因手术麻醉药所残留于体内的余毒。顺产的新妈妈喝养肝汤，可以帮助肝脏解毒。

用红枣熬汤就是不错的养肝汤，喝的时候加红糖调味，因为红枣中所含的糖类、蛋白质、维生素C、矿物质等是保护肝脏的营养剂。另外，可以喝些蔬菜汤，绿色入肝，就具有疏肝理气的作用，如菠菜鸡丝汤、青菜豆腐汤等，不但养肝，还可以催乳。

## 进补鸡汤宜适量

中国有个传统,产妇生完孩子就要吃老母鸡补养,所以多数产妇在生完孩子后第一口汤喝的就是鸡汤。因产妇易出汗,还要分泌乳汁,需水量要高于一般人,鸡汤含有易于人体吸收的蛋白质、维生素、矿物质,喝些鸡汤可补充营养。但是专家认为,过早食用鸡汤,不但不利于消化吸收,还容易发胖,所以月子里产妇喝鸡汤一定要适时适量。

## 宜适量吃魔芋

魔芋是一种低热量、高膳食纤维的食物。含有的葡甘露聚糖吸水后能膨胀至原体积的30~100倍,食用后易产生饱足感,对产后瘦身很有帮助,对下奶也无影响。

有研究证明,魔芋中所含的葡甘露聚糖分子量大、黏性高,能延缓葡萄糖的吸收,有效地延缓餐后血糖的升高,从而减轻胰腺的负担,使产妇的糖代谢处于良性循环中。

## 宜吃苹果去赘肉

苹果富含大量果胶,营养丰富,热量低,可以在提供身体所需养分的同时减少热量摄入。很多美国人都把苹果作为瘦身必备食物,每周节食一天,只吃苹果,号称"苹果日"。新妈妈适量吃苹果,可以帮助产后恢复身材。苹果可以直接食用,也可以煲汤或熬粥。

## 宜适量吃竹荪

新妈妈可以适量吃竹荪。

竹荪具有滋补强体、益气补脑、宁神养心、补气滋阴、润肺止咳、清热利湿的功效。

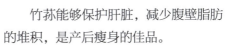

竹荪能够保护肝脏,减少腹壁脂肪的堆积,是产后瘦身的佳品。

但是竹荪性凉,脾胃虚寒之人不要吃得太多。

忌

 **忌过早喝母鸡汤**

以前一进补，大家首先想到的就是喝汤，而喝汤首选老母鸡汤。很多人都认为老母鸡汤的营养价值比较高，味道浓厚、鲜美。从中医角度来说，母鸡肉属阴，比较适合产妇、年老体弱及久病体虚者食用，这也是老母鸡汤备受推崇的原因。而老母鸡由于生长期长，鸡肉中所含的鲜味物质要比仔鸡多，这是使老母鸡汤味道更鲜美的主要原因。另外，老母鸡中脂肪含量比较高，炖出的汤也更香一些。

但是坐月子的产妇不宜过早过量饮用老母鸡汤，这是因为母鸡体内含有较多雌激素，被产妇吸收后有可能抑制催乳素的分泌，从而造成产妇奶水不足，甚至无奶。

另外，老母鸡汤通常富含脂肪，产妇过早食用不利于营养的吸收，还可能导致肥胖，不利于产后瘦身。

**忌滋补过度**

新妈妈在分娩后，适当进行营养滋补，既有利于身体的恢复，又可以促进乳汁的分泌。但是滋补过度危害不小。

1. 滋补过度容易导致过胖。产后新妈妈过胖会使体内碳水化合物和脂肪代谢失调，引起各种疾病。

2. 新妈妈营养太丰富，必然会使奶水中的脂肪含量增多，如果宝宝胃肠能够吸收，也易造成宝宝肥胖，对其身体健康和智力发育都不利；若宝宝消化能力较差，不能充分吸收，就会出现腹泻，而长期慢性腹泻还会造成营养不良。

### 忌过食腌制食品

腌制食品中通常含盐分较多，过量摄入会加重肾脏负担，致使血压升高等，甚至对宝宝吃奶也会有影响。此外，腌制食品虽然美味，但含有亚硝酸盐、苯丙芘等有害物质，长期过量食用，不仅易导致癌症，对宝宝生长发育也很不利。因此不要经常食用咸菜、腌鱼等食品。

 ### 忌产后马上节食

女性经历怀孕、分娩，体重通常会增加不少。因此，很多人为了恢复产前苗条的身材，产后便立刻节食，这样做很伤身体。哺乳的新妈妈更不可节食，产后所增加的体重主要是水分和脂肪，这些物质对产后修复和授乳至关重要。

新妈妈一定要吃营养丰富的食物，每天应保证摄入2300千卡的热量，若需哺乳，热量还应增加500千卡。过了哺乳期，就可以开始适量节食，每天的热量摄入控制在产前状态或略高，再加上运动，就可恢复健美的身材了。

 ### 忌吃过量红糖

中医认为，红糖性温，有益气活血化瘀的作用，因此长期以来一直被当作产后补血的优选食物。新妈妈生产时多多少少都会失血，产后适量喝些红糖水可以补血，而红糖水还有利尿的作用，减少膀胱内的尿潴留，有助于恶露排出、子宫恢复。

但是，如果过量食用红糖，会使子宫蠕动、收缩增强，不利于伤口的修复，特别是容易引起血性恶露增多，造成失血，从而引起贫血。

新妈妈食用红糖每天不要超过20克，也不适宜食用太长时间，产后食用7~14天即可。

 **专家指导**

喝红糖水时应煮开后饮用，不要用开水一冲即用，因为红糖在贮藏、运输等过程中，容易滋生细菌，有可能引发疾病。

### ❌ 忌吃辛辣温燥食物

辛辣温燥食物可助内热，而使新妈妈上火，出现口舌生疮、大便秘结或痔疮等症状。而且母体内热可通过乳汁影响宝宝，使宝宝内热加重。因此，新妈妈饮食宜清淡。尤其在产后5~7天内，应以米粥、软饭、面条、蛋汤等为主，不要吃过于油腻之物，特别应忌食大蒜、辣椒、胡椒、茴香、羊肉等辛辣温燥食物。

### ❌ 忌吃生冷食物

新妈妈脾胃功能尚未完全恢复，过于寒凉的食物会损伤脾胃影响消化，且生冷之物易致瘀血滞留，可引起新妈妈腹痛、产后恶露不绝等。另外，新妈妈尽可能不要吃存放时间较长的剩饭菜。

**值得一提的是，新鲜的蔬果不包括在"禁忌"之内。**

### ❌ 忌喝大量白开水

一般新妈妈在怀孕末期通常都会有水肿现象，而产后坐月子正是身体恢复的黄金时期，这段时间要让身体积聚的多余水分尽量排出，如果一次大量喝进许多水，不利于身体恢复，还有可能引起水中毒。

剖宫产的妈妈可能需要服一些药物，饮用适量的水分有利于发挥药效和药物的代谢。但不要一次饮用大量水，应该分次适量饮用，以免加重心脏、肾脏负担。

### ❌ 忌过食酸味和咸味

味酸的食物多有收敛止涩的作用，过量食用会影响身体的水分排泄。咸味食物中的钠离子更易使血液中的黏稠度增加，而让新陈代谢受到影响，造成血液循环减缓。新妈妈坐月子期间最好避免过食酸咸的食物。

## ❌ 忌过量吃醋

有的新妈妈为了迅速瘦身，喝醋减肥。其实这样做不好。因为新妈妈身体各部位都比较虚弱，需要有一个恢复过程。过量吃醋会损伤牙齿，使新妈妈留下牙齿易酸痛的后遗症，还有可能导致钙流失而出现四肢无力、骨质疏松等。

需要注意的是，醋若仅作为调味品食用，对身体并不会产生什么不良作用，还可以促进食欲，不必禁忌。

## ❌ 忌多食味精

为了宝宝不出现缺锌症，新妈妈应忌吃过量味精。味精内的谷氨酸钠会通过乳汁进入宝宝体内，过量的谷氨酸钠对宝宝，尤其是对3个月内的宝宝发育有严重影响，它能与宝宝血液中的锌发生特异性的结合，促使锌随尿排出，从而导致宝宝锌的缺乏。宝宝不仅易出偏食、厌食，还可造成智力减退、生长发育迟缓等不良后果。

## ❌ 忌过用人参

有的新妈妈产后急于服用人参，想补一补身体，其实这样做有害无益。人参含有多种有效成分，这些成分能对人体产生广泛的兴奋作用，其中对人体中枢神经的兴奋作用能导致服用者出现失眠、烦躁、心神不安等不良反应。而刚生完孩子的新妈妈，精力和体力消耗很大，更应该好好休息。如果此时服用人参，反而因兴奋难以安睡，影响身体的恢复。人参不可滥用、过用，最好在医生或营养师指导下使用。

> 🍴 **专家指导**
>
> 人参可促进血液循环，分娩过程中，内外生殖器的血管多有损伤，服用人参有可能影响受损血管的自行愈合，造成流血不止，甚至大出血。因此，新妈妈在生完孩子的一个星期之内，不要服用人参。

## ❌ 忌吃过多鸡蛋

分娩后数小时内，最好不要吃鸡蛋。因为在分娩过程中，新妈妈体力消耗大，出汗多，体液不足，消化功能也随之下降。若分娩后立即吃鸡蛋，会增加胃肠负担，不利于食物营养的吸收利用。分娩后数小时内，宜吃流质或半流质饮食。在整个产褥期间，新妈妈每天需要蛋白质80克左右，因此，每天吃鸡蛋1~2个就足够了，不可贪多。

## ❌ 忌多盐和无盐

盐含有人体必需的物质——钠，如果人体缺钠，就会出现低血压、头昏眼花、恶心、呕吐、食欲不振、乏力、容易疲劳等。如果新妈妈限制钠的摄入，会影响体内电解质的平衡，从而影响食欲，进而影响泌乳，这对宝宝的生长发育十分不利。

但是，盐吃多了不好，如果新妈妈每天的盐摄入量过多，就会加重肾脏的负担，会使血压升高。

所以，**月子里的新妈妈不能过多食盐，也不能忌盐**。成人每天需盐量约为6克，正常量的盐摄入会通过消化道全部吸收、排泄，不会给身体带来伤害。

## ❌ 忌喝浓茶

产后不宜喝浓茶，这是因为茶叶中含有鞣酸，它能与食物中的铁相结合，影响肠道对铁的吸收，引起缺铁性贫血。茶水浓度越大，鞣酸含量越高，对铁的吸收影响就越严重。

另外，茶叶中还含有咖啡因，饮用茶水后可使人精神兴奋、不易入睡，影响新妈妈的正常休息和体力的恢复；同时茶叶内的咖啡因可通过乳汁进入宝宝体内，容易使宝宝发生肠痉挛、无故啼哭的现象。

## ❌ 忌过食煎炸、甜腻食品

煎炸食品容易引起脾胃热滞，导致便秘或腹胀；而蛋糕、巧克力等甜食吃得过多也会导致脾虚生湿，造成虚湿积滞，引发腹泻。这些食物吃多了，还容易引发胸闷、食欲不振、手脚不温等症状，舌苔常呈白色。所以月子里的新妈妈最好少吃煎炸食品和甜点，若作为一种口味的调剂适量食用，则无大碍。

## ❌ 忌过食乌梅

乌梅味酸、微涩，常用于消渴症以及热病口渴、咽干、食欲不振等症。但由于这种酸涩食品会阻滞血液的正常流动，不利于恶露的排出。因此新妈妈不宜大量食用乌梅。

## ❌ 忌多喝黄酒

产后少量饮用黄酒，可以祛风活血、避邪逐秽，有利于恶露的排出和子宫的恢复，对产后受凉有舒筋活络之用，但饮用黄酒要适时适量。

饮用黄酒过量，因其可助内热，会使新妈妈上火，口舌生疮，且由于母体内热，可通过乳汁影响宝宝，也会使宝宝内热。

因其有活血作用，饮用时间过长，可使恶露排出量过多或持续时间过长，不利于身体健康的恢复。

## ❌ 忌挑食、偏食、暴饮暴食

产妇仍然是"一人吃，两人补"的阶段。特别是哺乳的新妈妈，产后需要更多的热量、营养来恢复体力、修复组织、哺喂宝宝。决不能挑食、偏食，要做到食物多样化，粗细、荤素搭配，合理营养，这样才能满足自身和宝宝的健康需求。

由于产妇胃肠功能较弱，过饱不仅会影响胃口，还会妨碍消化功能。因此，产妇要做到少食多餐，每日可由平时3餐增至5~6餐。

## ❌ 忌过食巧克力

新妈妈在产后需要给新生儿喂奶，如果过多食用巧克力，对宝宝的发育会产生不良的影响。这是因为巧克力所含的可可碱会渗入母乳并在婴儿体内蓄积，有可能损伤神经系统和心脏，并使肌肉松弛，排尿量增加，导致宝宝消化不良、睡眠不稳、哭闹不停。新妈妈吃太多巧克力，不但会影响食欲，还会使身体发胖，使体内必需营养素大量流失，进而影响新妈妈的身体健康。

## ❌ 忌烟酒

烟酒都是刺激性很强的东西，吸烟可使乳汁减少，烟中的尼古丁等多种有毒物质也会侵入乳汁中，宝宝吃了这样的乳汁，生长发育会受到影响。

新妈妈饮酒时，酒精同样会进入乳汁，可引起宝宝嗜睡、反应迟钝、多汗等症状，有损宝宝健康。

## ❌ 忌多吃少动

现代医学研究证实，由于大量进食高脂肪、高蛋白饮食，加上缺少运动，会使大量脂肪堆积体内，进而导致肥胖。医学专家认为，女性要保持产后的健美身材，尤忌多吃少动，防止中年发胖。

如无特殊病理情况，顺产的新妈妈于分娩后6~8小时即可坐起，第二天就可以下地活动。

早下地、早活动，有利于恶露的排出和子宫的恢复，有助于肠道和膀胱功能的恢复，防止产后尿潴留和便秘的发生。

还可根据各自的体力状况做产褥期保健操，这对新妈妈体力和身体各部位功能的恢复大有好处。

PART
# 2

# 月子营养素·食材·药材

新妈妈月子期间需要补充充足的营养素，
如蛋白质、脂肪、碳水化合物、膳食纤维、维生素、矿物质等，
这些都需要从食物中摄取。
新妈妈要恢复身体、催生乳汁、防治月子病，
有些食材和药材可以派上大用场，如牛肉、花生、
鲫鱼、莲藕、当归、黄芪、红枣、通草等，具有补血补气、
通乳催乳的作用。

# 一 新妈妈必需营养素

坐月子期间，新妈妈需要多种营养素，如蛋白质、碳水化合物、脂肪、膳食纤维、维生素、矿物质等，摄入充足，才能促进身体恢复，给宝宝提供优质的奶水。

## 蛋白质 | 修复组织

蛋白质是新妈妈坐月子期间的必需营养素，是人体组织更新和修复的主要原料。

### 摄入原因

新妈妈产后体质虚弱，生殖系统复原和脏腑功能康复需要大量蛋白质。蛋白质是生命的物质基础，是修复组织器官的基本物质。除了可促进身体恢复，新妈妈补充蛋白质还可增加乳汁的质和量。

### 推荐摄入量

新妈妈每日需要**蛋白质80克**。新妈妈每日泌乳要消耗蛋白质10～15克，6个月内的宝宝对8种必需氨基酸的消耗量很大，所以乳母摄入优质而充足的蛋白质是很重要的。

每日膳食中必须搭配2～3种富含蛋白质的食物，才能满足新妈妈的营养需要。

### 科学补充蛋白质

新妈妈平时可多吃富含蛋白质的食物，蛋、肉、禽、鱼类是优质蛋白质的重要来源。

新妈妈每天吃2个鸡蛋或100克瘦肉就能满足身体对蛋白质的要求。

但高蛋白饮食也不是多多益善，不同食物应搭配食用。动物性蛋白质和植物性蛋白质混合搭配着吃，这样可以使营养成分更加全面，提高蛋白质利用率。

**富含蛋白质的食物**

蛋白质含量丰富的食物有鸡蛋、猪瘦肉、鸡肉、兔肉、牛肉、鱼类、大豆及豆制品、奶及奶制品等。

在动物蛋白中，牛奶、蛋类的蛋白质是所有蛋白质食物中品质最好的，氨基酸齐全，易消化，也不易引起痛风发作。

在植物蛋白中最好的是大豆蛋白，大豆中含35%的蛋白质，它是素食主义者的最主要的蛋白质来源。另外，食用菌也是瘦身族的主要蛋白质来源。

**补充过量有危害**

1. 如果蛋白质摄入过多，会增加肝肾负担，引起胃肠消化吸收不良。蛋白质在消化过程中，其中间代谢产物的重吸收和终末代谢产物的排泄主要由肾完成。因此，过多摄入蛋白质会增加肾脏负荷。

2. 过量摄入动物蛋白往往会同时摄入大量的胆固醇，这是诱发冠心病、高血压、动脉硬化及脑血管意外的危险因素。

为避免蛋白质摄取过多，可相应减少畜肉类的摄取，选择鱼类与豆类食品，以减轻胃肠道负担。在进食蔬果的时候，最好选择富含膳食纤维的叶菜类，以刺激肠胃蠕动，使排便顺畅，加速毒素排出。

 专家指导

豆制品可低降胆固醇，还可抗癌，大豆蛋白含有丰富的异黄酮，异黄酮是一种类似激素的化合物，可抑制因激素失调引发的肿瘤等疾病。

# 脂肪 | 保护器官、促进脂溶性维生素吸收

提到脂肪,新妈妈可能会想到发胖,其实脂肪是产后必需的重要营养素。

## 摄入原因

脂肪是人体重要的组成部分,也是食物的一个基本构成部分。脂肪不但可以提供热量,还可以促进脂溶性维生素的吸收,脂肪所提供的脂肪酸,对宝宝的大脑和中枢神经发育非常重要。新妈妈摄入的脂肪,对乳汁的分泌和乳汁中的脂肪成分也有密切的关系。

## 推荐摄入量

正常情况下,产后新妈妈每日**每千克体重需要摄入0.45克左右**的脂肪。如果新妈妈缺少脂肪,乳汁中脂肪含量就会明显降低,影响乳汁的分泌,进而影响宝宝的生长发育。

## 科学补充脂肪

当母亲摄入植物性脂肪多,乳汁中亚油酸含量就多;摄入动物性脂肪多,乳汁中饱和脂肪酸的含量就会增多。正常情况下,每天植物油摄入25克,适量食用坚果30克等,一般不容易出现脂肪摄入不足的现象。

需要指出的是,肥肉、动物油等应尽量避免。

## 富含脂肪的食物

肉类和动物油含有动物性脂肪,豆类、坚果类、植物种子中都含有植物性脂肪。膳食中富含脂肪的食物有动物内脏、肉类、鸡蛋、鸭蛋、花生油、豆油、菜籽油、花生、核桃、芝麻、黄豆等,新妈妈可以根据自己的饮食喜好有选择性地食用。

## 脂肪摄取要合理

如果摄取脂肪过量,引起体内脂肪堆积,增加肝脏代谢负荷,有可能导致肥胖、脂肪肝等。摄取脂肪过量也会给消化系统造成负担,引起新妈妈厌食、消化不良,间接性影响宝宝的健康,使其出现脂肪泻、营养不良或成为肥胖儿。

因此,食谱中要注意摄取适量的脂肪,脂肪所提供的热量应该控制在总热量的1/3。

# 碳水化合物 | 提供热量

碳水化合物是供给人体热量的主要营养素，提供的热量约占每日人体总热能的60%。其作用是蛋白质、脂肪所不可取代的。

## 摄入原因

碳水化合物在人体内的消化、吸收和利用较其他两类产热营养素（脂肪和蛋白质）迅速而完全。它既为肌肉运动提供热量，又是心肌收缩时的应急能源，它也是大脑组织的唯一直接热量来源。另外，碳水化合物也是机体的重要组成部分，并参与人体的正常新陈代谢。

## 推荐摄入量

由于碳水化合物广泛存在于谷类、水果、蔬菜等食物中，因此，根据《中国居民膳食指南》中的介绍，产妇每天摄入的谷类最好在250～400克，蔬菜300～500克，水果200～400克，确保碳水化合物提供全天55%～60%的热量。

## 科学补充碳水化合物

在饮食中如果缺乏碳水化合物将导致全身无力，疲乏、低血糖，产生头晕、心悸、脑功能障碍等，严重者会导致低血糖昏迷。如果摄入的碳水化合物过多，就会转化成脂肪贮存于身体内，使人体过于肥胖而导致各类疾病如高脂血症、糖尿病等。因此，在补充碳水化合物时一定要科学合理。

## 富含碳水化合物的食物

碳水化合物的主要食物来源有：谷物（如水稻、小麦、玉米、大麦、燕麦、高粱）、水果（如甘蔗、甜瓜、西瓜、香蕉、葡萄）、干果类、干豆类、根茎蔬菜类（如胡萝卜、土豆、莲藕）等。

 **专家指导**

对于体重增长过快的新妈妈，建议采用低碳水化合物、低脂饮食方案，多吃新鲜蔬菜和富含膳食纤维的食品，从食物源头控制热量的摄入。

# 钙 | 强筋健骨

新妈妈在孕期需要补钙，产后同样需要补钙，科学补充钙，可以强筋健骨。

## 摄入原因

为什么产后还要补钙呢？主要有两大方面的作用。首先，补钙除了保证骨骼的健康，还能防止产后容易出现的腰酸背痛、关节疼痛等症状。其次，产后新妈妈补充足够的钙质，是为了给宝宝提供充足的生长原料，保证宝宝骨骼健康生长。

哺乳的妈妈在产后体内雌激素水平较低，泌乳素水平较高。因此，在月经未复潮前骨更新钙的能力较差，乳汁中的钙往往会消耗过多体钙。这时如果不补充足量的钙，就会引起新妈妈腰酸背痛、腿脚抽筋、牙齿松动、骨质疏松等"月子病"，还会导致宝宝发生佝偻病，影响牙齿萌出、体格生长和神经系统的发育。

## 推荐摄入量

产后特别是哺乳的妈妈，每天大约需摄取1200毫克钙，使分泌的每升乳汁中含有300毫克以上的钙。

## 科学补钙

饮食补钙是最有效、最健康、最直接的方式。产后新妈妈可以多多食用富含钙质的牛奶、奶酪、虾皮、鱼肉、排骨、木耳、银耳、紫菜、核桃、黑芝麻、黑豆、黄豆、北豆腐、苋菜等食物。比如每天喝1~2杯牛奶，吃50克豆制品，都是简单易操的补钙方式。

如果身体需要，除了饮食外，还可以额外补充乳酸钙、碳酸钙、骨粉等一些钙剂。但服用钙剂一定要遵医嘱。

 专家指导

哺乳期间新妈妈平均每天通过乳汁分泌而损失的钙大约为300毫克。当乳汁分泌量达到最高峰时，母体内的钙含量最缺乏，每天必须提供母体1200毫克左右的钙和充足的维生素D，才能满足钙的需要。

### 补充辅助营养素

新妈妈在补充钙的同时还要注重其他营养的补充，比如充足的维生素D和维生素C等。维生素D具有促进钙质消化吸收的作用。如果在用餐时或餐后能同时摄取富含维生素C的食物，则钙的吸收率会大大提高。

研究发现，经常吃水果和蔬菜的女性，骨质密度比较高，这和蔬果中含有丰富的维生素C有关。

不过，新妈妈要注意，补钙的时候不要同时补充铁，因为钙会影响铁的吸收。

另外，补钙容易造成便秘，因此补钙的时候还要注意多多补充水分，增加肠道内的水含量。

### 补钙要适量

产后补充足够的钙非常重要，但是补充太多容易造成妈妈便秘和肾结石，使宝宝骨骼过早钙化、囟门提前闭合等。补钙适量，才可以保证骨骼的健康，乳汁的正常分泌和营养。

### 饮食清淡更助补钙

盐是威胁骨骼健康的大敌，肾脏排出多余钠元素的同时也会伴随着钙的流失。新妈妈一定要采取简单的烹调方式，选择清淡的饮食，这才是保证骨骼健康的正确做法。

### 阳光促进补钙

产后，新妈妈要尽量多晒太阳。因为紫外线可以促进维生素D的生成，而维生素D可以促进钙的吸收和利用。

# 铁 | 补血养血

新妈妈膳食调理需要补充各种营养素,尤其要注意补充铁元素,以生血补血,促进身体恢复。

## 摄入原因

铁是产后一定要补充的,由于妊娠期扩充血容量及胎儿的发育营养需要,有一半的孕妈妈患缺铁性贫血,再加上分娩时失血会流失部分铁质,而且还要哺乳,更需要补充足够的铁质。

新妈妈缺铁严重时,血中血红蛋白减少,就会引起缺铁性贫血。新妈妈铁缺乏时可出现倦怠和疲乏,运动时心悸,面色苍白,头晕,注意力不集中,凹甲等。

## 推荐摄入量

为了防止新妈妈产后贫血,同时满足宝宝对铁的需求,不哺乳的新妈妈一天需要摄入铁质20毫克,哺乳的新妈妈则需要一天摄取25毫克铁质。

## 科学补铁

产后新妈妈可以通过食用富含铁的食物来进行补血,比如动物内脏、蛋黄、动物血、牛肉、紫菜、蘑菇、木耳、红枣等。

产后补血除了在饮食上要科学补铁,还要**适当补充蛋白质、铜、B族维生素和维生素C**。因为蛋白质是构成血红蛋白的重要原料,对贫血患者来说十分重要;铜可促进铁的吸收和利用;而B族维生素(维生素$B_{12}$、叶酸)是红细胞生长发育所必需的物质;维生素C可促进铁的吸收。

如果产后贫血情况较为严重,那么光靠食补还满足不了身体对补血的需求,可以让医生开些补血的铁剂。药物铁剂在偏酸性的环境下更容易吸收。

需要注意,人们印象中富有营养的**牛奶却是"贫铁"的**。而全谷类和豆类组成的膳食,因其铁的吸收不良,所以在膳食中添加少量的畜肉、鱼和禽类的食物,可增加铁的吸收。

**专家指导**

患贫血的新妈妈往往食欲不佳或消化不良,而饮食的色、香、味对胃酸分泌有促进作用,可以促进产妇的食欲。

### 推荐3种补血食物

**鸭血**。鸭血中含有人体不可缺少的矿物质,特别是铁的含量十分丰富,每100克中含有铁30毫克,比猪肝还高,是牛瘦肉含铁量的7倍。

**猪肝**。猪肝富含铁、维生素A、维生素C,每100克猪肝含铁23毫克、维生素A 4972国际单位、维生素C 20毫克。猪肝具有补血补铁、补肝明目、防治女性分娩后贫血的作用。

**木耳**。木耳含有蛋白质、膳食纤维、磷、钾、铁,每100克水发木耳含铁5.5毫克,每100克干木耳含铁97毫克,是猪肝含铁量的4倍。

### 少食"抑铁剂"

植酸盐、草酸盐、多酚类,它们在肠道内易与铁形成难溶性的螯合物,对铁的吸收有抑制作用。

补铁时最好不要喝浓茶、咖啡,同理,富含植酸盐、草酸盐的蔬果,尽量不要与富含铁的食物同时食用,以防抑制铁的吸收。

### 补铁不可过量

1. 补铁过量会造成铁中毒,出现食欲不振、恶心、腹泻、肠上皮细胞受损等。

2. 补铁过量会抑制其他元素的吸收。当新妈妈过量摄入了铁,就会抑制锌、钙等的吸收。

# 维生素 ｜ 健康多面手

维生素是人类生长的基本要素，它能保证其他营养素充分发挥效能，以维持身体的健康。

| 类别 | 生理功能 | 缺乏表现 | 建议摄入量 | 食物来源 |
| --- | --- | --- | --- | --- |
| 维生素 A | 促进产后伤口的愈合，还能抵御细菌以免感染。调节表皮及角质层新陈代谢，保护上皮组织健康。有利于宝宝的骨骼与视力发育 | 新妈妈乳汁中如果缺乏维生素A，就会使宝宝生长缓慢，对眼部、呼吸道、泌尿系统的健康发育都有影响 | 1.2毫克/天 | 柑橘、芒果、木瓜、胡萝卜、南瓜、青椒、菠菜、豌豆苗、红薯、动物肝脏、猪肉、鸡肉、鸡蛋、海带、紫菜等 |
| 维生素 $B_1$ | 维持产妇心脏、胃肠的正常功能，增强肌力促进血液循环，并维持神经系统正常运作，提高免疫力。同时，增加乳汁分泌量，还有增进食欲的作用 | 容易出现乏力、眩晕、虚弱、食欲不振等现象 | 1.8毫克/天 | 动物内脏、燕麦、麸皮、黄豆、糙米等 |
| 维生素 $B_2$ | 能帮助身体利用脂肪、蛋白质、碳水化合物来制造热量，并促进碳水化合物、脂肪与蛋白质的新陈代谢，并有助于形成抗体，提高免疫力。另外，还能保护肌肤与眼睛的健康 | 引发嘴角干裂、溃疡，口腔内黏膜发炎，眼睛容易出现视觉疲劳 | 1.7毫克/天 | 动物肝脏、蛋黄、香菇、牛奶、黄豆、苹果等 |
| 维生素 $B_6$ | 保持身体及精神系统正常工作，维持体内钠钾平衡，制造红血球。调节体液，增进神经和骨骼肌肉系统正常功能，有利于宝宝的大脑和神经系统发育 | 食欲缺乏、恶心、口腔溃疡、舌炎、精神萎靡、贫血、失眠等症状 | 1.9毫克/天 | 肉类食物如牛肉、鸡肉、鱼肉和动物内脏等，全谷物食物如燕麦、小麦麸、麦芽等，豆类如豌豆、黄豆等，坚果类如花生、核桃等 |

| 维生素 | 功能 | 缺乏症状 | 每日建议摄入量 | 食物来源 |
|---|---|---|---|---|
| 维生素 $B_{12}$ | 能促进红细胞形成及再生，预防贫血。对血细胞的生成及中枢神经系统的完整起很大的作用，能够维护神经系统的健康，增强平衡感及记忆力 | 巨幼红细胞贫血，神经精神抑郁，高同型半胱氨酸血症 | 2.8微克/天 | 动物内脏、牛肉、猪肉、鸡肉、鱼类、蛤类、蛋等 |
| 维生素 C | 能促进氨基酸中酪氨酸和色氨酸的代谢，改善铁、钙和叶酸的利用，促进铁的吸收，对缺铁性贫血有辅助作用。能增强产后体虚女性的抗病能力，预防细菌的感染，并可以增强免疫系统功能。还能降低母体血液中的胆固醇，通过母乳喂养能促进宝宝皮肤、骨骼、牙齿和造血器官的生长 | 会出现倦怠无力、精神抑郁、体虚厌食、营养不良、面色苍白、轻度贫血、牙龈肿胀等症状 | 130毫克/天 | 韭菜、菠菜、柿子椒、圆白菜、菜花、柑橘、橙子、柚子、红果、葡萄、鲜枣、草莓、猕猴桃等 |
| 维生素 D | 提高机体对钙、磷的吸收，促进生长和骨骼钙化，防止软骨病。可以很好的调节血压和降低对胰岛素的耐受性，预防心脏病与糖尿病的发生 | 导致母体骨质软化，初期表现为头部易出汗、肌肉疼痛、心情抑郁。并影响新生儿的骨骼发育，导致宝宝出现软骨病或佝偻病 | 10微克/天 | 海鱼和鱼卵、鱼肝油、动物肝脏、蛋黄、奶酪、坚果等 |
| 维生素 E | 控制细胞氧化、促进产后伤口的愈合。还能保护皮肤和增加皮肤的弹性。另外，能够促使乳腺的末梢血管扩张，促进乳汁分泌 | 皮肤干燥、出现色斑，头皮发干分叉，易出虚汗肌肉萎缩，精神躁动不安 | 14毫克/天 | 植物油、榛子、核桃、葵花子、芝麻、玉米、花生、黄豆等 |

注：表中每日建议摄入量数据来源于中国营养学会推出的《中国居民膳食指南》

# 膳食纤维 | 缓解便秘

新妈妈需要补充适量的膳食纤维，以保持肠道健康，促进排便，排毒养颜。

## 摄入原因

膳食纤维是不能为人体消化酶所消化的碳水化合物的总称，包括纤维素、半纤维素、果胶、木质素等。

膳食纤维有很强的吸水能力，可明显增加粪团的体积，软化粪便，同时促进消化道的蠕动，促进排便。另外，膳食纤维还有降血脂、降血压、调节血糖等功效。

女性产后由于肠道肌肉松弛，加之活动不足，易发生便秘。大便是否通畅是人体健康的重要标志之一，便秘的特点是粪便干硬，或排便太少，排便困难。长期用力排便很容易引起痔疮，严重的还会导致直肠息肉甚至结肠癌。

## 推荐摄入量

新妈妈每天**需要摄入25~30克膳食纤维**。研究发现，有九成以上的人膳食纤维摄取不足，平均每天的膳食纤维摄取量不到需要量的2/3。新妈妈月子里需要注意补充足量膳食纤维。

## 科学补充膳食纤维

小米中富含维生素$B_1$和维生素$B_2$，膳食纤维含量也很高，产后适量食用，不但能帮助新妈妈恢复体力，增进食欲，还能刺激肠蠕动，预防便秘，同时又有催乳通乳的作用。生产后头几天，新妈妈很适合喝小米粥。

一般新妈妈在月子内总是容易多吃鸡、鸭、鱼、肉、蛋等食物，而忽视了蔬菜与水果的摄入，很容易造成膳食纤维的缺乏。因此，月子里一定要荤素搭配、粗细搭配，多吃新鲜蔬菜和水果，保证摄入充足的膳食纤维。

如每天1根香蕉或1个苹果，加餐时吃点全麦制品，零食用核桃、芝麻等富含膳食纤维的营养食品代替蛋糕、薯片。

**专家指导**

食用富含膳食纤维的食物，需要较长的咀嚼时间，中枢神经即可推迟收到饱足讯息，从而避免吃进过量的食物。

## 富含膳食纤维的食物

五谷杂粮类如糙米、玉米、小米、大麦、小麦、土豆、红薯、黄豆等；蔬菜类如牛蒡、胡萝卜、四季豆、豌豆、竹笋、西蓝花、芹菜等；水果类如猕猴桃、香蕉、菠萝、苹果等；菌藻类如海带、紫菜、香菇等；坚果类如核桃、花生、芝麻、松子等都含有大量的膳食纤维。

## 膳食纤维忌吃错

膳食纤维分为可溶性膳食纤维与不可溶性膳食纤维，两种膳食纤维作用机制不同。有的人突然增加膳食纤维的摄取量，会产生腹胀、腹痛、胀气等现象。还需要注意，摄取过多膳食纤维会影响钙、铁的吸收，所以要掌握摄入量。

### 可溶性膳食纤维

可溶性膳食纤维可溶解于水，吸水膨胀，热量很低。其在胃肠道内和淀粉等碳水化合物交织在一起，能被肠道中的微生物酵解，并延缓人体对碳水化合物的吸收，可以起到降低餐后血糖的作用。苹果、柑橘类、柿子、梨、香蕉、草莓、豆类、菜花、胡萝卜、南瓜、土豆等都含有丰富可溶性膳食纤维。

### 不可溶性膳食纤维

不可溶性膳食纤维可增加食物通过消化道的速率，并吸附食物中的有害物质，预防便秘。由于这些纤维并不提供营养与热量，却能够"填饱肚子"，所以，进食富含不可溶性膳食纤维的食物对控制产后体重的增长有很大的帮助。谷类、豆类、根茎类等都含有丰富的不可溶性膳食纤维。

# 二 优选营养食材

有的食材补气益血，有的强身健体，有的通乳催乳……新妈妈月子期需要根据自己的身体需要选择合适的食材，以促进身体恢复，保障宝宝的营养供给。

## 猪肉

**性味归经**：性平，味甘、咸，归脾、胃、肾经

猪肉是日常生活的主要副食品，具有补虚强身、滋阴润燥、丰肌泽肤的作用。猪肉纤维较为细软，结缔组织较少，肌肉组织中含有较多的肌间脂肪，经过烹调加工后味道特别鲜美。

### 营养成分

| （每100克含量） | |
|---|---|
| 蛋白质 | 13.2克 |
| 脂肪 | 37.0克 |
| 碳水化合物 | 2.4克 |
| 维生素A | 18微克 |
| 维生素E | 0.35毫克 |
| 胆固醇 | 80毫克 |
| 维生素$B_1$ | 0.21毫克 |
| 维生素$B_2$ | 0.16毫克 |
| 烟酸 | 3.5毫克 |
| 钙 | 6毫克 |
| 铁 | 1.6毫克 |
| 锌 | 2.06毫克 |
| 硒 | 11.97微克 |
| 镁 | 16毫克 |
| 钾 | 204毫克 |
| 铜 | 0.06毫克 |
| 钠 | 59.4毫克 |

### 功效主治

在畜肉中，猪肉的蛋白质含量最低，脂肪含量最高。猪肉含有丰富的维生素$B_1$，对维持神经组织、肌肉、心脏活动的正常功能具有重要作用。猪肉还能提供人体必需的脂肪酸。猪肉性味甘平，滋阴润燥，可提供血红素（有机铁）和促进铁吸收的半胱氨酸，能改善缺铁性贫血。热退津伤、肺燥咳嗽、肠燥便结、气血虚亏、羸瘦体弱等症均可适量食用猪肉以改善症状。

### 饮食宜忌

- 吃猪肉时加一点大蒜，可以延长猪肉中维生素$B_1$在人体内停留的时间，可促进血液循环、消除疲劳、增强体质。
- ✗ 猪肉不宜多食，多食则助热，使人体脂肪堆积，还易导致血脂升高。
- ✗ 猪肉烹饪前不宜用热水浸泡，在烧煮过程中忌加冷水。
- ✗ 不宜多食煎炸、腌制的猪肉制品。
- ✗ 湿热偏重、痰湿偏盛、舌苔厚腻的人忌吃猪肉。

## 猪蹄

**性味归经** 性平，味甘、咸，归脾、胃、肾经

猪蹄是猪常被人食用的部位之一，有多种烹调方式。猪蹄含有丰富的胶原蛋白，对增强皮肤弹性和韧性、延缓衰老和促进儿童生长发育都具有特殊意义。

### 营养成分

| （每100克含量） | |
|---|---|
| 蛋白质 | 22.6克 |
| 脂肪 | 18.8克 |
| 维生素A | 3微克 |
| 维生素E | 0.01毫克 |
| 胆固醇 | 192毫克 |
| 维生素$B_1$ | 0.05毫克 |
| 维生素$B_2$ | 0.1毫克 |
| 烟酸 | 1.5毫克 |
| 钙 | 33毫克 |
| 铁 | 1.1毫克 |
| 锌 | 1.14毫克 |
| 硒 | 5.58微克 |
| 镁 | 5毫克 |
| 钾 | 54毫克 |
| 铜 | 0.09毫克 |
| 钠 | 101毫克 |

### 功效主治

猪蹄中含有大量的胶原蛋白，它能增强皮肤细胞的代谢，有效地改善皮肤组织细胞的储水功能，延缓皮肤衰老。猪蹄对于经常性的四肢疲乏、腿部抽筋、麻木、消化道出血患者有一定辅助疗效。中医认为，猪蹄有壮腰补膝和通乳之功，可用于肾虚所致的腰膝酸软和产妇产后缺乳。女性多吃猪蹄，还具有丰胸作用。

### 饮食宜忌

- 黄豆与猪蹄搭配食用，能补充蛋白质和钙，且有极好的催乳作用。
- 猪蹄宜与蔬菜搭配食用，如莲藕猪蹄汤、萝卜炖猪蹄等，更利于营养吸收，减少脂肪堆积。
- 晚餐吃的太晚时或临睡前不宜吃猪蹄，以免增加血液黏度。
- 肝病、动脉硬化及高脂血症患者应少食或不食猪蹄。
- 猪蹄富含胶原蛋白和脂肪，不宜大量食用，以免造成消化不良，给肠胃带来负担。

# 猪血

**性味归经** 性平，味咸，归肝、心经

猪血又称血豆腐、猪红，价廉物美，堪称"养血之王"。《本草纲目》记载，猪血可生血，治瘴气、中风、跌打损伤、骨折及头痛眩晕。

## 营养成分

| （每100克含量） | |
|---|---|
| 蛋白质 | 12.2克 |
| 脂肪 | 0.3克 |
| 碳水化合物 | 0.9克 |
| 维生素E | 0.2毫克 |
| 胆固醇 | 51毫克 |
| 维生素$B_1$ | 0.03毫克 |
| 维生素$B_2$ | 0.04毫克 |
| 烟酸 | 0.3毫克 |
| 钙 | 4毫克 |
| 铁 | 8.7毫克 |
| 锌 | 0.28毫克 |
| 硒 | 7.94微克 |
| 镁 | 5毫克 |
| 钾 | 56毫克 |
| 铜 | 0.1毫克 |
| 钠 | 56毫克 |

## 功效主治

猪血蛋白质所含的氨基酸比例与人体氨基酸比例接近，易被消化、吸收。猪血含脂肪量极少，属低热量、低脂肪食品。猪血含铁量非常丰富，且消化吸收率高。女性常吃猪血，可有效补充体内消耗的铁质，防止缺铁性贫血的发生。猪血所含的锌、铜等微量元素，具有提高免疫力、抗衰老的作用。猪血中还含有一定量的卵磷脂，能抑制低密度脂蛋白的有害作用，有助于防治动脉粥样硬化。常吃猪血可辅治贫血、神经性头痛、神经衰弱、失眠多梦等症。

## 饮食宜忌

- 猪血配菠菜有养血、润燥、敛阴、止血的功能。
- 市售的猪血是熟的，料理时先在开水里烫一下，能去除猪血特有的味道。
- 猪血忌与地黄、何首乌、茱萸、菱角、杏仁同食。

# 猪肝

**性味归经** 性温,味甘、苦,归肝、脾、胃经

猪肝是猪体内重要的解毒器官,含有丰富的营养物质,具有营养保健功能,是理想的补血佳品之一。

## 营养成分

| （每100克含量） | |
|---|---|
| 蛋白质 | 19.3克 |
| 脂肪 | 3.5克 |
| 碳水化合物 | 5克 |
| 维生素A | 4972微克 |
| 维生素C | 20毫克 |
| 维生素E | 0.86毫克 |
| 胆固醇 | 288毫克 |
| 维生素$B_1$ | 0.21毫克 |
| 维生素$B_2$ | 2.08毫克 |
| 烟酸 | 15毫克 |
| 钙 | 6毫克 |
| 铁 | 22.6毫克 |
| 锌 | 5.78毫克 |
| 硒 | 19.21微克 |
| 镁 | 24毫克 |
| 钾 | 235毫克 |
| 铜 | 0.65毫克 |
| 钠 | 68.6毫克 |

## 功效主治

猪肝含有丰富的铁、硒、维生素A等,具有补血、明目、强体的作用。中医学认为,猪肝可补肝明目、养血,适宜气血虚弱、面色萎黄、缺铁性贫血者食用,也适宜肝血不足所致的视物模糊不清、夜盲、干眼症者食用。

## 饮食宜忌

- 猪肝宜与菠菜同食,猪肝富含B族维生素、铁和维生素A,菠菜富含叶酸、维生素C,同食能补血。
- 猪肝宜彻底清洗后烹饪。由于猪肝中有毒的血液是分散存留在数以万计的肝血窦中,因此,猪肝买回后要用自来水冲洗干净,并置于盆内浸泡1~2小时以去除残血。
- ✗ 炒猪肝不要一味求嫩,否则,既不能有效去毒,又不易杀死病菌、寄生虫等。
- ✗ 猪肝不宜大量食用,特别是高脂血症患者应慎食。

**性味归经** 性平，味甘，归脾、胃经

# 牛肉

牛肉有黄牛肉和水牛肉之分，以黄牛肉为佳。具有补脾和胃、益气增血、强筋壮骨的作用，适合产妇食用。

## 营养成分

| （每100克含量） | |
| --- | --- |
| 蛋白质 | 19.9克 |
| 脂肪 | 4.2克 |
| 碳水化合物 | 2.0克 |
| 维生素A | 7微克 |
| 维生素E | 0.65毫克 |
| 胆固醇 | 84毫克 |
| 维生素$B_1$ | 0.02毫克 |
| 维生素$B_2$ | 0.14毫克 |
| 烟酸 | 5.6毫克 |
| 钙 | 23毫克 |
| 铁 | 3.3毫克 |
| 锌 | 4.73毫克 |
| 硒 | 6.45微克 |
| 镁 | 20毫克 |
| 钾 | 216毫克 |
| 铜 | 0.18毫克 |
| 钠 | 84.2毫克 |

## 功效主治

牛肉含有丰富的蛋白质，氨基酸组成等比猪肉更接近人体需要，能提高机体抗病能力，对生长发育及手术后、病后调养的人在补充失血和修复组织等方面特别适宜。中医认为，牛肉有补中益气、滋养脾胃、强健筋骨、化痰熄风、止渴止涎的功能，适用于中气下陷、气短体虚、筋骨酸软和贫血久病及面黄目眩之人食用。

## 饮食宜忌

- 牛肉宜加红枣炖服，有助肌肉生长和促进伤口愈合之功效。
- 牛肉宜与新鲜蔬菜如番茄、胡萝卜等同炒，开胃助食、健脾益气，适合产后不久的新妈妈食用。
- 红烧牛肉时，加少许雪里蕻，肉味鲜美。
- 牛肉宜与土豆炖食。土豆中含有丰富的叶酸，与牛肉同食，不仅营养全面，还能保护胃黏膜，而且易于人体吸收。
- ✗ 不宜食用反复加热或反复冷藏的牛肉。

**性味归经** 性温，味甘，归脾、胃、肝经

# 鸡肉

鸡肉肉质细嫩，滋味鲜美，适合多种烹调方式。鸡汤含有多种人体必需氨基酸、矿物质等，不但味道鲜美，而且易于消化吸收，还能提供水分，对于坐月子的新妈妈来说是不错的补品。

## 营养成分

| （每100克含量） | |
| --- | --- |
| 蛋白质 | 19.3克 |
| 脂肪 | 9.4克 |
| 碳水化合物 | 1.3克 |
| 维生素A | 4.8微克 |
| 维生素E | 0.67毫克 |
| 胆固醇 | 106毫克 |
| 维生素$B_1$ | 0.09毫克 |
| 维生素$B_2$ | 0.09毫克 |
| 烟酸 | 5.6毫克 |
| 钙 | 9毫克 |
| 铁 | 1.4毫克 |
| 锌 | 1.09毫克 |
| 硒 | 11.7微克 |
| 镁 | 19毫克 |
| 钾 | 251毫克 |
| 铜 | 0.07毫克 |
| 钠 | 63.3毫克 |

## 功效主治

鸡肉富含优质蛋白质，消化率高，很容易被人体吸收利用，有增强体力、强壮身体的作用。另外，含有对人体生长发育有重要作用的磷脂类，是中国人膳食结构中脂肪和磷脂的重要来源之一。鸡肉对营养不良、畏寒怕冷、乏力疲劳、月经不调、贫血、虚弱等有很好的食疗作用。中医认为，鸡肉有温中益气、补虚填精、健脾胃、活血脉、强筋骨的功效。

## 饮食宜忌

- 宜食用野外散养的鸡，不建议过多食用肉鸡。
- 母鸡宜炖汤，肉中的营养容易溶于汤中，炖出来的鸡汤味道更鲜美。用清水或者是中药来炖汤是比较不错的选择。
- 宜与栗子同食，栗子烧鸡味道鲜美，营养价值高，补血健脾功能强。
- 鸡肉性温，多吃容易生热动风，因此不宜过食。

# 鲫鱼

**性味归经** 性平，味甘，归脾、胃、大肠经

鲫鱼俗名鲫瓜子、月鲫仔、土鲫、细头、鲋鱼、寒鲋。肉质细嫩，营养价值很高，富含蛋白质、矿物质，具有利水、通乳、补虚的作用。鲫鱼物美价廉，2~4月份和8~12月份的鲫鱼最肥美。

## 营养成分

| （每100克含量） | |
|---|---|
| 蛋白质 | 17.1克 |
| 脂肪 | 2.7克 |
| 碳水化合物 | 3.8克 |
| 维生素A | 17微克 |
| 维生素E | 0.68毫克 |
| 胆固醇 | 130毫克 |
| 维生素$B_1$ | 0.04毫克 |
| 维生素$B_2$ | 0.09毫克 |
| 烟酸 | 2.5毫克 |
| 钙 | 79毫克 |
| 铁 | 1.3毫克 |
| 锌 | 1.94毫克 |
| 硒 | 14.31微克 |
| 镁 | 41毫克 |
| 钾 | 290毫克 |
| 铜 | 0.08毫克 |
| 钠 | 41.2毫克 |

## 功效主治

鲫鱼药用价值极高，具有和中补虚、除羸、温胃进食、补中益气的功效。自古以来鲫鱼就是产妇的催乳补品，吃鲫鱼可以让产妇乳汁充盈。鲫鱼子能补肝养目，鲫鱼胆有健脑益智的作用。鲫鱼是肝肾疾病、心脑血管疾病患者的良好蛋白质来源，常食可增强抗病能力，肝炎、肾炎、高血压、心脏病、慢性支气管炎等疾病患者可经常食用。鲫鱼含有全面而优质的蛋白质，可促进肌肤弹性纤维的合成，对压力、睡眠不足等因素导致的早期皱纹有缓解作用。

## 饮食宜忌

- 鲫鱼宜和豆腐同食，可清心润肺、健脾利胃。鲫鱼和黄豆芽、绿豆芽同食，可通乳汁。鲫鱼和木耳同食，可抗老化。
- 鲫鱼子中胆固醇含量高，老年人及高脂血症患者不宜多食。
- 感冒发热期间不宜多吃鲫鱼。

**性味归经** 性平，味甘，归脾、肾、肺经

# 鲤鱼

鲤鱼又称鲤拐子，有赤鲤、黄鲤、白鲤等品种，富含蛋白质、不饱和脂肪酸、微量元素等，是月子期间通乳、滋补的佳品。

## 营养成分

| （每100克含量） | |
| --- | --- |
| 蛋白质 | 17.6克 |
| 脂肪 | 4.1克 |
| 碳水化合物 | 0.5克 |
| 维生素A | 25微克 |
| 维生素E | 1.27毫克 |
| 胆固醇 | 84毫克 |
| 维生素$B_1$ | 0.03毫克 |
| 维生素$B_2$ | 0.09毫克 |
| 烟酸 | 2.7毫克 |
| 钙 | 50毫克 |
| 铁 | 1.0毫克 |
| 锌 | 2.08毫克 |
| 硒 | 15.38微克 |
| 镁 | 33毫克 |
| 钾 | 334毫克 |
| 铜 | 0.06毫克 |
| 钠 | 53.7毫克 |

## 功效主治

古人称鲤鱼为"诸鱼之长"，有健脾开胃、利尿消肿、止咳平喘、安胎通乳、清热解毒等功效，而鲤鱼含有的蛋白质、脂肪、锌等都是胸部丰满的必要元素。鲤鱼与白芷同煮，还有调节月经、缓解痛经等效果。鲤鱼含有较丰富的多不饱和脂肪酸，能很好的降低胆固醇，可以辅治动脉硬化、冠心病等。

## 饮食宜忌

- 鲤鱼肉质细嫩，纤维短，极易破碎，切鱼时宜将鱼皮朝下，刀口斜入，最好顺着鱼刺，切起来更干净利落。
- 鲤鱼忌与荆芥、甘草、朱砂同服，以免引起不良反应。

**性味归经** 性寒，味甘，归脾、胃经

# 黑鱼

黑鱼，又名乌鱼，被《神农本草经》列为"虫鱼上品"。黑鱼骨刺少，含肉率高，而且营养丰富。黑鱼具有去瘀生新、滋补调养、生肌补血、促进伤口愈合等药用价值。

## 营养成分

| （每100克含量） | |
|---|---|
| 蛋白质 | 18.5克 |
| 脂肪 | 1.2克 |
| 维生素A | 26微克 |
| 维生素E | 0.97毫克 |
| 胆固醇 | 91毫克 |
| 维生素$B_1$ | 0.02毫克 |
| 维生素$B_2$ | 0.14毫克 |
| 烟酸 | 2.5毫克 |
| 钙 | 152毫克 |
| 铁 | 0.7毫克 |
| 锌 | 0.8毫克 |
| 硒 | 24.57微克 |
| 镁 | 33毫克 |
| 钾 | 313毫克 |
| 铜 | 0.05毫克 |
| 钠 | 48.8毫克 |

## 功效主治

黑鱼味道鲜美，非常有营养，适合身体虚弱、脾胃气虚、低蛋白血症、营养不良、贫血的人食用，民间常视黑鱼为珍贵补品，用以催乳、补血。黑鱼有祛风治疳、补脾益气、利水消肿的功效，东北常有产妇、风湿病患者、小儿疳病者食黑鱼，作为一种辅助食疗。黑鱼含丰富的钙、硒，有促进儿童生长发育、抗衰延年的作用。黑鱼含有的必需氨基酸对增强机体抗病能力有着十分重要的意义。

## 饮食宜忌

- 黑鱼性寒，食用时宜加姜、椒类调味和性。
- 黑鱼出肉率高、肉厚色白、红肌较少、无肌间刺，宜用来切鱼片。
- 有疮者忌食，疮疤不易愈合。

# 鳝鱼

**性味归经** 性温，味甘，归肝、脾、肾经

鳝鱼就是俗称的黄鳝，不仅为席上佳肴，其肉、血、头、皮均有一定的药用价值，有补气养血、温阳健脾、滋补肝肾、祛风通络等医疗保健功能。

## 营养成分

| （每100克含量） | |
|---|---|
| 蛋白质 | 18克 |
| 脂肪 | 1.4克 |
| 碳水化合物 | 1.2克 |
| 维生素A | 50微克 |
| 维生素E | 1.34毫克 |
| 胆固醇 | 126毫克 |
| 维生素$B_1$ | 0.06毫克 |
| 维生素$B_2$ | 0.98毫克 |
| 烟酸 | 3.7毫克 |
| 钙 | 42毫克 |
| 铁 | 2.5毫克 |
| 锌 | 1.97毫克 |
| 硒 | 34.56微克 |
| 镁 | 18毫克 |
| 钾 | 263毫克 |
| 铜 | 0.05毫克 |
| 钠 | 70.2毫克 |

## 功效主治

鳝鱼营养价值高，富含卵磷脂，具有补脑健身的功效。它所含的特种物质鳝鱼素，有清热解毒、凉血止痛、祛风消肿、润肠止血、健脾等功效，能调节血糖，对痔疮、糖尿病有较好的辅治作用，加之所含脂肪极少，因而是糖尿病患者的理想食品。鳝鱼含有的维生素A可以增进视力。民间有"小暑黄鳝赛人参"的说法。鳝鱼补血、补虚损，女性产后恶露淋沥、血气不调、消瘦均可食用。

## 饮食宜忌

- 鳝鱼和豆腐同食，有利于钙的吸收。鳝鱼和金针菇同食，可补中益血。鳝鱼和松子同食，可美容养颜。
- 鳝鱼最好是宰杀后立即烹煮食用，因为鳝鱼死后容易产生组胺，易引发中毒现象，不利于人体健康。
- 瘙痒性皮肤病、痼疾宿病、支气管哮喘、淋巴结核、红斑狼疮等患者应忌食鳝鱼。

# 虾仁

**性味归经**：性温，味甘，归肝、肾经

虾仁的营养价值极高，具有通乳抗毒、养血固精、化瘀解毒、益气滋阳、通络止痛、开胃化痰等功效。凡产后体虚、短气乏力、面黄肌瘦者，均可作为食疗补品。

## 营养成分

| （每100克含量） | |
| --- | --- |
| 蛋白质 | 16.4克 |
| 脂肪 | 2.4克 |
| 碳水化合物 | 2.2克 |
| 维生素A | 48微克 |
| 维生素E | 6.33毫克 |
| 胆固醇 | 240毫克 |
| 维生素$B_1$ | 0.04毫克 |
| 维生素$B_2$ | 0.03毫克 |
| 烟酸 | 2.2毫克 |
| 钙 | 325毫克 |
| 铁 | 4毫克 |
| 锌 | 2.24毫克 |
| 硒 | 29.65微克 |
| 镁 | 60毫克 |
| 钾 | 329毫克 |
| 铜 | 0.64毫克 |
| 钠 | 133.8毫克 |

## 功效主治

虾仁富含蛋白质、钙、碘、镁、磷及维生素E等成分，且其肉质松软、易消化，对产后身体虚弱、筋骨疼痛、手足抽搐、皮肤溃疡、神经衰弱者是极好的调养食物。另外，虾仁通乳作用较强，对于乳汁不通的产后新妈妈有很好的补益作用。虾仁所含的虾青素可以抑制自由基对人体的氧化损害作用，增加肌肉力量和肌肉耐受力。

## 饮食宜忌

- 一般人群均可食用。尤适宜中老年人、孕妇、心血管病患者，以及肾虚阳痿、男性不育症、腰脚无力之人。
- 虾仁含有比较丰富的蛋白质和钙等营养物质。如果与含有鞣酸的水果，如葡萄、石榴、山楂、柿子等同食，不仅会降低蛋白质的营养价值，而且鞣酸和钙离子结合形成不溶性结合物刺激肠胃，引起人体不适，出现呕吐、头晕、恶心、腹痛、腹泻等症状，因此，进食虾仁后最好间隔2小时再吃水果。
- 对水产品过敏的人不宜吃虾仁。

性平，味甘，归脾、肾、胃、大肠经

鸡蛋营养丰富，所含的氨基酸比例很适合人体生理需要，易为人体吸收利用，是人类最常食用的食物之一。

## 营养成分

| （每100克含量） | |
| --- | --- |
| 蛋白质 | 12.7克 |
| 脂肪 | 9.0克 |
| 碳水化合物 | 1.5克 |
| 维生素A | 310微克 |
| 维生素E | 1.23毫克 |
| 胆固醇 | 585毫克 |
| 维生素$B_1$ | 0.04毫克 |
| 维生素$B_2$ | 0.31毫克 |
| 烟酸 | 0.2克 |
| 钙 | 48毫克 |
| 铁 | 2.0毫克 |
| 锌 | 1.0毫克 |
| 硒 | 16.55微克 |
| 镁 | 14毫克 |
| 钾 | 98毫克 |
| 铜 | 0.06毫克 |
| 钠 | 94.7毫克 |

## 功效主治

鸡蛋富含蛋白质，具有补虚、消肿、提高免疫力、预防贫血的功效。鸡蛋富含胆固醇，适量食用可维持细胞的稳定性，增强免疫力。鸡蛋富含维生A，对维持正常的中枢神经和免疫系统、头发、皮肤和骨骼组织的发育和功能有重要意义。鸡蛋富含DHA、卵磷脂、卵黄素，对神经系统和大脑发育有利，能健脑益智、改善记忆力，并能促进肝细胞再生。鸡蛋中含有较多的B族维生素和硒，可以分解和氧化人体内的致癌物质，具有防癌作用。

## 饮食宜忌

- 就营养的吸收和消化率来看，鸡蛋蒸煮着吃更利于营养物质的消化和吸收。
- 吃完鸡蛋后，忌立即喝茶、吃柿子、吃消炎药。
- 鸡蛋不宜生吃，未熟的鸡蛋中容易隐藏大肠杆菌等病菌，不经烹煮就食用容易引起腹泻。

# 菠菜

**性味归经**：性平，味甘，归肝、肠、胃经

菠菜富含类胡萝卜素、维生素C、维生素K、矿物质等。月子期食用菠菜，有助身体恢复、补益气血。

## 营养成分

| （每100克含量） | |
|---|---|
| 蛋白质 | 2.6克 |
| 脂肪 | 0.3克 |
| 碳水化合物 | 4.5克 |
| 维生素A | 487微克 |
| 维生素C | 32毫克 |
| 维生素E | 1.74毫克 |
| 维生素$B_1$ | 0.04毫克 |
| 维生素$B_2$ | 0.11毫克 |
| 烟酸 | 0.6毫克 |
| 钙 | 66毫克 |
| 铁 | 2.9毫克 |
| 锌 | 0.85毫克 |
| 硒 | 0.97微克 |
| 镁 | 58毫克 |
| 钾 | 311毫克 |
| 铜 | 0.11毫克 |
| 钠 | 85.2毫克 |

## 功效主治

菠菜富含维生素C和维生素K，能用于鼻出血、肠出血的辅助治疗。菠菜补血之理与其所含丰富的类胡萝卜素、维生素C有关，二者对身体健康和补血都有重要作用。菠菜中所含的胡萝卜素在人体内转化成维生素A，能维护正常视力和上皮细胞的健康，增强免疫力。菠菜含有大量的膳食纤维，具有促进肠道蠕动的作用，利于排便。菠菜提取物具有抗衰老的作用。

## 饮食宜忌

- 留根食用。菠菜根营养丰富，含有膳食纤维、维生素和矿物质。
- 患有尿路结石、大便溏薄、脾胃虚弱、肾结石等病症者忌食菠菜。
- 菠菜草酸含量较高，食用前要先用沸水焯烫，一次食用不宜过多，也不宜生食。

**性味归经** 性微寒，味甘、酸，归肝、脾、胃经

# 番茄

番茄营养丰富，含有柠檬酸、番茄红素、维生素C、胡萝卜素、矿物质等，并具特殊风味，常吃可减肥瘦身、消除疲劳、增进食欲、提高对蛋白质的消化吸收。

## 营养成分

| （每100克含量） | |
|---|---|
| 蛋白质 | 0.9克 |
| 脂肪 | 0.2克 |
| 碳水化合物 | 4.0克 |
| 维生素A | 92微克 |
| 维生素C | 19毫克 |
| 维生素E | 0.57毫克 |
| 维生素$B_1$ | 0.03毫克 |
| 维生素$B_2$ | 0.03毫克 |
| 烟酸 | 0.6毫克 |
| 钙 | 10毫克 |
| 铁 | 0.4毫克 |
| 锌 | 0.13毫克 |
| 硒 | 0.15微克 |
| 镁 | 9毫克 |
| 钾 | 163毫克 |
| 铜 | 0.06毫克 |
| 钠 | 5.0毫克 |

## 功效主治

番茄具有止血、降压、利尿、健胃消食、生津止渴、清热解毒、凉血平肝的功效。番茄中的类黄酮既有降低毛细血管通透性和防止其破裂的作用，常吃可增强小血管功能，预防血管老化，还有预防血管硬化的特殊功效。番茄含有的番茄红素是极强的抗氧化剂，可以防止自由基对皮肤的破坏，具有美容抗皱、防癌的作用。

## 饮食宜忌

- 番茄与鸡蛋同吃能防癌补虚。
- 番茄不宜空腹吃。空腹食用会刺激胃酸分泌量增多，易引起腹痛、腹泻、胃胀痛。
- 烹调番茄不宜长时间高温加热。因番茄红素遇光、热和氧气容易分解，失去保健作用。

**性味归经** 性凉，味甘，归肝、肾、肠经

# 黄花菜

黄花菜又名金针菜、忘忧草，具有止血、消炎、清热、利湿等功效，含有丰富的多糖、蛋白质、维生素E、钙、胡萝卜素，可通乳、补血。

## 营养成分

| 每100克含量 | |
|---|---|
| 蛋白质 | 19.4克 |
| 脂肪 | 1.4克 |
| 碳水化合物 | 34.9克 |
| 维生素A | 309微克 |
| 维生素C | 10毫克 |
| 维生素E | 4.92毫克 |
| 维生素$B_1$ | 0.05毫克 |
| 维生素$B_2$ | 0.21毫克 |
| 烟酸 | 3.1毫克 |
| 钙 | 301毫克 |
| 铁 | 8.1毫克 |
| 锌 | 3.99毫克 |
| 硒 | 4.22微克 |
| 镁 | 85毫克 |
| 钾 | 610毫克 |
| 铜 | 0.37毫克 |
| 钠 | 59.2毫克 |

## 功效主治

黄花菜的花有健胃、通乳、补血的功效，哺乳期女性乳汁分泌不足者食用，可起到通乳下奶的作用；根有利尿、消肿的功效，可用于治疗水肿、小便不利；叶有安神的作用，能辅治神经衰弱、心烦不眠、体虚水肿等症。黄花菜有较好的健脑、抗衰老功效，是因其含有丰富的卵磷脂，这种物质是机体许多细胞，特别是大脑细胞的组成成分，对增强和改善大脑功能有重要作用，同时能清除动脉内的沉积物，对注意力不集中、记忆力减退、脑动脉栓塞等症有食疗作用，故人们称之为"健脑菜"。

## 饮食宜忌

- 食用鲜黄花菜时，应先用开水焯过，再用清水浸泡2小时以上，捞出后洗净再烹饪，这样可破坏其中致中毒的秋水仙碱，食用起来安全放心。
- 最好食用黄花菜干制品，因为其在生产过程中已经消除了有毒成分；食用干品时，最好在食用前先用温水泡发。

**性味归经** 性凉，味甘、苦，归小肠、胃经

莴笋又称莴苣，主要食用肉质嫩茎，可生食、凉拌、炒食、干制或腌渍，嫩叶也可食用。产后食用可促进乳汁分泌、利水消肿。

莴笋

## 营养成分

| （每100克含量） | |
|---|---|
| 蛋白质 | 1.0克 |
| 脂肪 | 0.1克 |
| 碳水化合物 | 2.8克 |
| 维生素A | 25微克 |
| 维生素C | 4毫克 |
| 维生素E | 0.19毫克 |
| 维生素B₁ | 0.02毫克 |
| 维生素B₂ | 0.02毫克 |
| 烟酸 | 0.5毫克 |
| 钙 | 32毫克 |
| 铁 | 0.9毫克 |
| 锌 | 0.33毫克 |
| 硒 | 0.54微克 |
| 镁 | 19毫克 |
| 钾 | 212毫克 |
| 铜 | 0.07毫克 |
| 钠 | 36.5毫克 |

## 功效主治

莴笋利尿、通乳，高钾低钠，有利于体内的水电解质平衡。莴笋宽肠通便，含有大量膳食纤维，能促进肠道蠕动，帮助大便排泄。莴笋开通疏利、消积下气，味道清新且略带苦味，可刺激消化酶分泌，增进食欲。莴笋含有多种维生素和矿物质，具有调节神经系统功能的作用。莴笋提取物中含有的植物化合物对抑制癌细胞生长有一定作用。

## 饮食宜忌

- 莴笋与海米搭配同食，可以补肾阳、通经脉，适于腰膝酸软、乳汁不通、小便不通、尿血等症的辅助食疗。
- 莴笋忌咸，烹调时不可放盐过多，否则会使营养成分外渗，也影响口味。
- 莴笋不宜用铜制器皿烹饪或存放，否则会破坏维生素C，降低营养价值。

# 莲藕

**性味归经** 性寒，味甘，入心、脾、胃经

莲藕含有淀粉、铁、膳食纤维、钾等营养素。生食可清热生津、散瘀止血，熟食可健脾益气、开胃促食。

## 营养成分

| （每100克含量） | |
|---|---|
| 蛋白质 | 1.9克 |
| 脂肪 | 0.2克 |
| 碳水化合物 | 16.4克 |
| 维生素A | 20微克 |
| 维生素C | 44毫克 |
| 维生素E | 0.59毫克 |
| 维生素$B_1$ | 0.09毫克 |
| 维生素$B_2$ | 0.03毫克 |
| 烟酸 | 0.3毫克 |
| 钙 | 39毫克 |
| 铁 | 1.4毫克 |
| 锌 | 0.23毫克 |
| 硒 | 0.39微克 |
| 镁 | 19毫克 |
| 钾 | 243毫克 |
| 铜 | 0.11毫克 |
| 钠 | 44.2毫克 |

## 功效主治

莲藕含有淀粉、蛋白质、维生素C、钙、磷、铁等，肉质肥嫩，口感甜脆。藕不论生熟，都具有很好的药用价值。生食能凉血散瘀，熟食能补心益肾、滋阴养血。同时还能利尿通便，帮助排泄体内的废物和毒素。莲藕富含膳食纤维，热量不高，因而能控制体重，有助降低血糖和胆固醇水平，促进肠蠕动，预防便秘及痔疮。

## 饮食宜忌

- 莲藕具有益气补中、养血散瘀的作用，糯米具有温中益气、健脾固肾的作用。二者共同食用，益气养血的作用会明显增强。
- 脾虚胃寒者、易腹泻者不宜食用生藕，生藕性寒，有碍脾胃，所以宜食用熟藕。

**性味归经**：性平，味甘，归肺、脾经

# 胡萝卜

胡萝卜是一种质脆味美、营养丰富的家常蔬菜。胡萝卜富含胡萝卜素，食用后经肠胃消化分解转化成维生素A，能防治夜盲症和呼吸道疾病。可炒食、煮食、蒸食等，有"地下小人参"之称。

## 营养成分

| （每100克含量） | |
| --- | --- |
| 蛋白质 | 1.0克 |
| 脂肪 | 0.2克 |
| 碳水化合物 | 8.8克 |
| 维生素A | 688微克 |
| 维生素C | 13毫克 |
| 维生素E | 0.41毫克 |
| 维生素$B_1$ | 0.04毫克 |
| 维生素$B_2$ | 0.03毫克 |
| 烟酸 | 0.6毫克 |
| 钙 | 32毫克 |
| 铁 | 1.0毫克 |
| 锌 | 0.2毫克 |
| 硒 | 0.63微克 |
| 镁 | 14毫克 |
| 钾 | 190毫克 |
| 铜 | 0.08毫克 |
| 钠 | 71.4毫克 |

## 功效主治

中医认为胡萝卜可以补中益气、健胃消食、壮元阳、安五脏，对治疗消化不良、久痢、咳嗽、夜盲症等有较好食疗作用，故被誉为"东方小人参"。用油炒熟后吃，胡萝卜素更易被吸收，在人体内可转化为维生素A，提高机体免疫力。胡萝卜所含的B族维生素和维生素C等招牌营养素有润肤、抗衰老的作用。常吃胡萝卜能增强人体免疫力，有一定的抗癌作用。

## 饮食宜忌

- 胡萝卜与黄芪、山药、猪肚等搭配，可增加营养、补虚损、丰肌肉。特别适合脾胃虚弱、消化不良、消瘦的女性食用。
- 胡萝卜不可过量食用，大量摄入胡萝卜素会令皮肤的色素产生变化，变成橙黄色。

# 白萝卜

**性味归经**：性凉，味甘、辛，归脾、胃、肺、大肠经

白萝卜是一种常见的蔬菜，生食熟食均可，其味略带辛辣。白萝卜为食疗佳品，可以辅助治疗多种疾病，《本草纲目》称之为"蔬中最有利者"。

## 营养成分

| （每100克含量） | |
|---|---|
| 蛋白质 | 0.9克 |
| 脂肪 | 0.1克 |
| 碳水化合物 | 5.0克 |
| 维生素A | 3微克 |
| 维生素C | 21毫克 |
| 维生素E | 0.92毫克 |
| 维生素$B_1$ | 0.02毫克 |
| 维生素$B_2$ | 0.03毫克 |
| 烟酸 | 0.3毫克 |
| 钙 | 36毫克 |
| 铁 | 0.5毫克 |
| 锌 | 0.3毫克 |
| 硒 | 0.61微克 |
| 镁 | 16毫克 |
| 钾 | 173毫克 |
| 铜 | 0.64毫克 |
| 钠 | 61.8毫克 |

## 功效主治

中医认为白萝卜具有清热生津、凉血止血、下气宽中、消食化滞、开胃健脾、顺气化痰的功效。白萝卜含芥子油、淀粉酶和膳食纤维，具有促进消化、增强食欲、加快胃肠蠕动和止咳化痰的作用。白萝卜中含有丰富的维生素C等维生素，能防止皮肤老化，阻止色素沉着，保持皮肤白嫩。此外，白萝卜所含的多种酶，能分解致癌的亚硝酸胺，具有防癌作用。

## 饮食宜忌

- 吃肉的时候搭配一点白萝卜，或者做一些以白萝卜为配料的菜，能起到很好的营养滋补作用。
- 白萝卜最好和维生素C丰富的蔬菜如黄瓜、菠菜一起吃，或者搭配蛋白质含量高的食物，如牛羊肉等。
- 白萝卜性凉，脾胃虚寒、慢性胃炎、胃溃疡患者不宜生食。

**性味归经** 性凉，味甘，归肝、胃、肺、大肠经

# 丝瓜

丝瓜富含水分和各种植物功能成分，具有清凉、利尿、活血、通经、解毒之效。

## 营养成分

| （每100克含量） | |
|---|---|
| 蛋白质 | 1.0克 |
| 脂肪 | 0.2克 |
| 碳水化合物 | 4.2克 |
| 维生素A | 15微克 |
| 维生素C | 5毫克 |
| 维生素E | 0.22毫克 |
| 维生素$B_1$ | 0.02毫克 |
| 维生素$B_2$ | 0.04毫克 |
| 烟酸 | 0.4毫克 |
| 钙 | 14毫克 |
| 铁 | 0.4毫克 |
| 锌 | 0.21毫克 |
| 硒 | 0.86微克 |
| 镁 | 11毫克 |
| 钾 | 115毫克 |
| 铜 | 0.06毫克 |
| 钠 | 2.6毫克 |

## 功效主治

中医认为，丝瓜性凉、味甘，具有清热解毒、凉血止血、通经络、行血脉、美容、抗癌等功效，并可辅治诸如痰喘咳嗽、乳汁不通、热病烦渴、筋骨酸痛、便血等病症。丝瓜含有的维生素$B_1$可防止皮肤老化，维生素C能润肤美白，丝瓜汁有"美人水"之称。长期食用或用丝瓜汁擦脸，能使皮肤变得光滑、细腻，可抗皱消炎，预防、消除痤疮及黑色素沉着。

## 饮食宜忌

- 烹制丝瓜时应注意尽量保持清淡，油要少用，可勾稀芡，用胡椒粉提味，这样更能体现丝瓜香嫩爽口的特点。
- 丝瓜汁水丰富，宜现切现做，以免营养成分随汁水流走。

# 木耳

**性味归经**：性平，味甘，归肺、胃、肝、大肠经

木耳是一种营养丰富的食用菌，又是我国传统的保健食品和出口商品，被誉为"素中之荤"。木耳滑嫩爽口，有增进食欲和滋补强身的作用。

## 营养成分

| 水发木耳（每100克含量） | |
| --- | --- |
| 蛋白质 | 1.5克 |
| 脂肪 | 0.2克 |
| 碳水化合物 | 6.0克 |
| 维生素A | 3微克 |
| 维生素C | 1毫克 |
| 维生素E | 7.51毫克 |
| 维生素$B_1$ | 0.01毫克 |
| 维生素$B_2$ | 0.05毫克 |
| 烟酸 | 0.2毫克 |
| 钙 | 34毫克 |
| 铁 | 5.5毫克 |
| 锌 | 0.53毫克 |
| 硒 | 0.46微克 |
| 镁 | 57毫克 |
| 钾 | 52毫克 |
| 铜 | 0.04毫克 |
| 钠 | 8.5毫克 |

## 功效主治

中医认为木耳能补气血、止血、润肺益胃、润燥利肠、舒筋活络、轻身强志，可辅治血虚气亏、四肢抽搦、肺虚咳嗽、咯血、吐血、产后虚弱、白带过多、崩漏、血痢、肠风痔血、便秘和跌打损伤等症。木耳中所含的蛋白质、脂肪、糖类，不仅是人体必需的营养成分，也是美容的物质基础；其胡萝卜素进入人体后转变成维生素A，有润泽皮肤、毛发的作用；膳食纤维可促进肠蠕动和脂肪排泄，有利于减肥。

## 饮食宜忌

- 木耳一定要煮熟才能吃。木耳经过烹煮，营养成分更容易被吸收利用。
- 木耳有活血抗凝的作用，有出血性疾病的人不宜食用。

**性味归经**　性寒，味咸，归肾、脾经

# 海带

海带是一种营养价值很高的菌藻类，同时具有一定的药用价值。海带含有丰富的碘、钙、钾等矿物质元素。海带属于低脂、低热量食品，适量食用有利于减肥瘦身。

## 营养成分

| 水发海带（每100克含量） | |
|---|---|
| 蛋白质 | 1.2克 |
| 脂肪 | 0.1克 |
| 碳水化合物 | 2.1克 |
| 维生素A | 52微克 |
| 维生素E | 1.85毫克 |
| 维生素$B_1$ | 0.02毫克 |
| 维生素$B_2$ | 0.15毫克 |
| 烟酸 | 1.3毫克 |
| 钙 | 348毫克 |
| 铁 | 4.7毫克 |
| 锌 | 0.65毫克 |
| 硒 | 5.84微克 |
| 镁 | 129毫克 |
| 钾 | 761毫克 |
| 铜 | 0.14毫克 |
| 钠 | 327.4毫克 |
| 碘 | 240毫克 |

## 功效主治

海带具有降血脂、调血糖、调节免疫、抗凝血、抗肿瘤、排铅解毒和抗氧化等多种生物功能。海带上常附着一层白霜似的白粉——甘露醇，具有降血压、利尿和消肿的作用。海带含有大量的碘，有利于甲状腺素的合成，对调节体内雌激素水平、恢复卵巢的正常功能、纠正内分泌失调等具有一定意义。海带含有丰富的钙，可防治人体缺钙。海带含有大量的膳食纤维，可以增加饱腹感，促进肠道蠕动以排便，海带脂肪含量非常低，是肥胖者减肥的理想食物。海带富含硒，能有效清除自由基，可以延缓衰老。

## 饮食宜忌

- 海带与冬瓜搭配食用，不仅能消暑，还有助于减肥瘦身。
- 脾胃虚寒、甲亢中碘过盛型的人要忌食海带。
- 吃海带之后，不要立即喝茶，以免阻碍体内铁的吸收。

**性味归经** 性温，味甘，归脾、胃经

# 红枣

红枣，又名大枣，鲜品中维生素C含量非常高，有"天然维生素C丸"的美誉；干品中富含膳食纤维。红枣是补气养血的圣品，物美价廉，善用红枣即可达到养生保健的功效。

## 营养成分

| 干枣（每100克含量） | |
|---|---|
| 蛋白质 | 3.2克 |
| 脂肪 | 0.5克 |
| 碳水化合物 | 67.8克 |
| 维生素A | 2微克 |
| 维生素C | 14毫克 |
| 维生素E | 3.04毫克 |
| 维生素$B_1$ | 0.04毫克 |
| 维生素$B_2$ | 0.16毫克 |
| 烟酸 | 0.9毫克 |
| 钙 | 64毫克 |
| 铁 | 2.3毫克 |
| 锌 | 0.65毫克 |
| 硒 | 1.02微克 |
| 镁 | 36毫克 |
| 钾 | 524毫克 |
| 铜 | 0.27毫克 |
| 钠 | 6.2毫克 |

## 功效主治

红枣能补中益气、养血安神、健脾益胃，用于辅治气血亏虚、神经衰弱、脾胃不和、消化不良、劳伤咳嗽、贫血消瘦等，其养肝防癌功能尤为突出，有"日食三颗枣，百岁不显老"之说。红枣含钙和铁，对防治骨质疏松、产后贫血有重要作用。经常用红枣煮粥或者煲汤，能够促进人体造血，可以有效预防贫血，使面色越来越红润。鲜枣中含有非常丰富的维生素C，能够促进肌肤细胞的代谢，防止黑色素沉着，达到美白祛斑功效。

## 饮食宜忌

- 红枣适合煮粥、煲汤或做成枣糕，健脾又补气。
- 红枣虽好，但不可过食，吃多了会胀气。
- 枣皮不容易消化，吃时一定要充分咀嚼，否则会影响消化。

**性味归经** 性平，味甘，归肝、肾、脾经

# 芝麻

芝麻，被称为"八股之冠"，又分白芝麻和黑芝麻。芝麻是一种油料作物，榨取的油称为芝麻油、香油，特点是气味醇香，生用热用皆可。中国自古就有许多用芝麻和芝麻油制作的各色食品和美味佳肴。

## 营养成分

| 白芝麻（每100克含量） | |
| --- | --- |
| 蛋白质 | 18.4克 |
| 脂肪 | 39.6克 |
| 碳水化合物 | 31.5克 |
| 维生素E | 38.28毫克 |
| 维生素$B_1$ | 0.36毫克 |
| 维生素$B_2$ | 0.26毫克 |
| 烟酸 | 3.8毫克 |
| 钙 | 620毫克 |
| 铁 | 14.1毫克 |
| 锌 | 4.21毫克 |
| 硒 | 4.06微克 |
| 镁 | 202毫克 |
| 钾 | 266毫克 |
| 铜 | 1.77毫克 |
| 钠 | 8.3毫克 |

## 功效主治

芝麻有补肝肾、益精血、润肠燥、通乳的功效，可用于辅治身体虚弱、头晕耳鸣、高血压、咳嗽、头发早白、贫血萎黄、乳少、津液不足、大便燥结、尿血等症。芝麻具有养血的功效，令皮肤细腻光滑。芝麻含有丰富的维生素E，能防止过氧化脂质对皮肤的危害，可使皮肤白皙润泽，并能预防各种皮肤炎症。芝麻含有丰富的钙、铁、锌等矿物质，具有强骨健体、养血益精的作用。

## 饮食宜忌

- 芝麻适宜女性产后贫血、乳汁缺乏者食用。
- 芝麻和桑葚同食可降血脂，和柠檬同食可养血补血，和冰糖同食可润肺生津。
- 患有慢性肠炎、便溏腹泻者忌食芝麻；男子阳痿、遗精者忌食芝麻。

# 花生

**性味归经**：性平，味甘，归脾、肺经

花生是我国产量丰富、食用广泛的一种坚果，又名"长生果""落花生"。花生香脆可口、营养丰富、价格便宜，是男女老幼都喜欢的食物。

## 营养成分

| （每100克含量） | |
| --- | --- |
| 蛋白质 | 24.8克 |
| 脂肪 | 44.3克 |
| 碳水化合物 | 21.7克 |
| 维生素A | 5微克 |
| 维生素E | 18.09毫克 |
| 维生素$B_1$ | 0.72毫克 |
| 维生素$B_2$ | 0.13毫克 |
| 烟酸 | 17.9毫克 |
| 钙 | 39毫克 |
| 铁 | 2.1毫克 |
| 锌 | 2.5毫克 |
| 硒 | 3.94微克 |
| 镁 | 178毫克 |
| 钾 | 587毫克 |
| 铜 | 0.95毫克 |
| 钠 | 3.6毫克 |

## 功效主治

花生果实中的脂肪和蛋白质，对女性产后乳汁不足者有滋补气血、养血通乳的作用。花生衣中含有多种维生素和凝血物质，能对抗纤维蛋白的溶解，有促进骨髓制造血小板的功能，对多种出血性疾病有止血的作用，对造血有益。花生中钾、镁含量较高，故多食花生可以促进人体的生长发育，特别是对心脏的保护。花生中的卵磷脂和维生素E是神经系统所必需的重要物质，能延缓大脑功能退化，防止脑血栓形成。常食花生可改善血液循环、增强记忆、延缓衰老。

## 饮食宜忌

- 有出血性疾病者最好连红衣食用。
- 花生不可过度烹调，炸、烤等会破坏其中的有益成分。
- 花生属于高脂食物，胆囊疾病、胃溃疡、慢性胃炎、慢性肠炎、高脂血症、肥胖患者慎食花生。

**性味归经** 性凉，味甘、咸，归脾、胃、肾经

# 小米

小米营养价值很高，含丰富的蛋白质、碳水化合物和B族维生素。小米可单独熬煮，也可添加红枣、红豆、红薯、莲子、百合等，熬成风味各异的粥品。小米磨成粉，可制糕点，美味可口。

## 营养成分

| （每100克含量） | |
|---|---|
| 蛋白质 | 9.0克 |
| 脂肪 | 3.1克 |
| 碳水化合物 | 75.1克 |
| 维生素A | 17微克 |
| 维生素E | 3.63毫克 |
| 维生素$B_1$ | 0.33毫克 |
| 维生素$B_2$ | 0.1毫克 |
| 烟酸 | 1.5毫克 |
| 钙 | 41毫克 |
| 铁 | 5.1毫克 |
| 锌 | 1.87毫克 |
| 硒 | 4.74微克 |
| 镁 | 107毫克 |
| 钾 | 284毫克 |
| 铜 | 0.54毫克 |
| 钠 | 4.3毫克 |

## 功效主治

小米入药有清热清渴、滋阴、健脾和胃、补益虚损、和中益肾、利小便、治水泻等功效。由于小米不需精制，保存了较多的维生素和矿物质，营养价值从某种程度上说优于大米。北方许多女性在生产后，都有用小米加红糖来调养身体的传统。小米熬粥营养价值丰富，有"代参汤"之美称。

## 饮食宜忌

- 小米宜与大豆或肉类食物混合食用，这是由于小米的氨基酸中缺乏赖氨酸，而大豆的氨基酸中富含赖氨酸，可以补充小米的不足。
- 小米粥不宜太稀薄；淘米时不要用手搓，忌长时间浸泡或用热水淘米。
- 因为小米蛋白质的氨基酸组成并不理想，赖氨酸过低而亮氨酸又过高，所以产后不能完全以小米为主食，应注意搭配，以免缺乏其他营养。

## 常用滋补药材

新妈妈根据自己的身体需要，可以在医生的指导下选用合适的滋补、调理药材，配合食材，做到药食同补。

| 分类 | 药材名称 | 主治功效 |
| --- | --- | --- |
| 养血益气 | 党参 | 补中益气、养血生津、健脾益肺 |
| | 西洋参 | 补气滋阴、宁神益智、润肺生津、清热降火 |
| | 当归 | 补血活血、调经止痛、润燥滑肠 |
| | 熟地 | 滋阴补血、补精益髓、通脉调经、祛湿消渴 |
| | 川芎 | 活血行气、祛风止痛、祛瘀解郁 |
| | 白芍 | 补血养血、平抑肝阳、柔肝止痛、敛阴止汗 |
| | 何首乌 | 养血滋阴、补肝益肾、祛风消痈、润肠通便 |
| | 黄芪 | 补气升阳、生津养血、行滞通痹、固表止汗、利水消肿 |
| | 阿胶 | 补血益气、滋阴润燥、调经止痛 |
| | 桂圆 | 益气补血、补心安神、和脾健胃 |
| | 枸杞子 | 养阴补血、滋补肝肾、益精明目 |
| 催乳通乳 | 通草 | 通气下乳、清湿利水 |
| | 路路通 | 疏经活络、通乳下乳、祛风除湿 |
| | 穿山甲 | 养血通乳、疏肝理气、消肿排脓、通络止痛 |
| | 桑寄生 | 通络下乳、清热利湿、补肝益肾 |
| | 漏芦 | 活血通乳、清热解毒、排脓消肿 |
| 化瘀消肿 | 茯苓 | 渗湿利水、益脾和胃、宁心安神 |
| | 鱼腥草 | 利尿消肿、抗炎抗菌、清热解毒 |
| | 牛膝 | 逐瘀通经、利尿通淋、软坚散结、引血下行 |
| | 玉米须 | 利尿消肿、清肝利胆、泻热祛风 |
| 清热安神 | 甘草 | 清热解毒、补脾益气、润肺止咳 |
| | 莲子 | 清热安神、补虚益损、益肾固精 |
| | 百合 | 清热凉血、除烦安神、养阴润肺 |
| | 玉竹 | 滋阴润肺、养胃生津、除烦止渴 |

# 养血益气

## 党参

**性味归经**：性平，味甘，归脾、肺经

党参为中国常用传统补益药，古代以山西上党地区出产的党参为上品。

## 功效主治

中医认为，党参有补中益气、止渴、健脾益肺、养血生津的功效。党参可用于脾肺气虚、食少倦怠、咳嗽虚喘、气血不足、面色萎黄、心悸气短、津伤口渴、内热消渴、懒言短气、四肢无力、食欲不佳、气血双亏等症。现代医学研究表明，党参有增强免疫力、扩张血管、降压、改善微循环、增强造血功能等作用。

## 七情配伍

1. **气血两虚**：党参可配合白术、茯苓、甘草、当归、熟地、白芍、川芎各9克浸泡半小时后，煮沸后改小火续煮20分钟左右。每日1剂。

2. **补气、利水**：党参、白术、茯苓、淮山、炒扁豆各12克，莲子、薏米各9克，炙甘草、桔梗各6克，砂仁4克，水煎服。每日1剂。

## 选购鉴别

党参呈长圆柱形，稍弯曲，长10～35厘米，直径0.4～2厘米。表面淡黄棕色或淡灰棕色，根部有多个疣状凸起的茎痕及芽，每个茎痕的顶端呈凹下的圆点状。全体有纵皱纹及散在的横长皮孔，支根断落处常有黑褐色胶状物。质稍硬或略带韧性，断面稍平坦，有裂隙或放射状纹理，木质部淡黄色。有特殊香气，味微甜。

## 药用宜忌

- 党参宜放于凉爽干燥处贮藏，避免虫蛀。
- 气滞、怒火盛的人禁用党参。
- 党参不宜与藜芦同用。

**性味归经**　性凉，味甘、微苦，归心、肺、肾经

西洋参是属草木植物，别称洋参、花旗参。西洋参的服用方法可以分为炖、煮、蒸食、切片含化、研成细粉冲服等。

## 功效主治

西洋参可补气滋阴、宁神益智、清热生津、降火消暑，可用于气虚阴亏、内热、咳喘痰血、虚热烦倦、消渴、口燥咽干等症。长服西洋参可以抑制血小板凝聚、抗动脉粥样硬化，并促进红细胞再生。西洋参中的皂苷可以调节中枢神经，达到静心凝神、消除疲劳、增强记忆力等作用，适用于失眠、烦躁、记忆力衰退及阿尔茨海默（老年痴呆）等症状。

## 七情配伍

1. **滋阴补气、清热生津**：将西洋参放在砂锅内用水蒸一下，使其软化，再切成薄片，放在干净的玻璃瓶内或瓷瓶内。每日早饭前和晚饭后各含服2～4片，细细咀嚼咽下。

2. **产后气血两虚**：西洋参8克、桂圆肉30克、白糖20克，放瓷碗内隔水蒸15分钟。每日1次，每次1匙。

## 选购鉴别

主根呈圆形或纺锤形，芦头残存或已除去，残存者，略偏向一侧；表面呈浅黄色或黄白色，皮纹细腻，具有突起的横长皮孔；质地饱满而结实。折断面略显角质，皮部与木部或中心常有小裂隙。断面呈粉白色，皮部可见一棕色形成层环，环内外散有红棕色小点。苦干味浓，透喉。

## 药用宜忌

✗ 服用西洋参时忌喝茶。茶叶中含有的鞣酸会破坏西洋参中的有效成分。

✗ 服用西洋参24小时内忌食白萝卜。

**性味归经**：性温，味甘、辛，归肝、心、脾经

# 当归

当归为常用中药。由于它对女性的经、带、胎、产各种疾病都有治疗效果，所以中医称当归为"女科之圣药"。

## 功效主治

中医认为，当归味甘而重，故专能补血，其气轻而辛，故又能行血，补中有动，行中有补，为血中之要药。它既能补血，又能活血，既可通经，又能活络。女性月经不调、痛经、血虚闭经、面色萎黄、衰弱贫血、子宫出血、产后瘀血等常见妇科病，都可以用当归治疗。

## 七情配伍

**1 补血调血**：当归10克、熟地黄12克、川芎8克、白芍12克，组成补血代表方"四物汤"，用水煎服。早晚各服1次。

**2 恶露不净**：当归20克、川芎9克、桃仁6克、炮姜2克、炙甘草2克，用清水加黄酒煎服组成的生化汤，早晚各服1次。具有活血化瘀、温经止痛的功效。

**3 产后腹痛**：当归15克、蜂蜜30克，加水煎服，早晚各服1次。

## 选购鉴别

根头及主根粗短，略呈圆柱形，长1.5～3.5厘米，直径1.5～3厘米，下部有多条支根，多弯曲，长短不等。表面黄棕色或棕褐色，有不规则纵皱纹及椭圆形皮孔；根头部具横纹，顶端残留多层鳞片状叶基。质坚硬，易吸潮变软，断面黄白色或淡黄棕色，形成层环黄棕色，皮部有多数棕色油点及裂隙。有浓郁的香气。

## 药用宜忌

✘ 湿阻中满及大便溏泄者慎服。

✘ 使用当归不可过量，服药后也应注意有无不良反应。

**性味归经**：性微温，味甘，归肝、肾经

# 熟地

熟地又名熟地黄或伏地，属玄参科植物，是一种上好中药材，具有补血滋阴功效。熟地生性"多情"，它的多种配伍成就了它的多种滋补功用。

## 功效主治

熟地可滋阴补血、补精益髓，治阴虚血少所致的腰膝痿弱、劳嗽骨蒸、遗精、崩漏、月经不调、消渴、耳聋、目昏、心悸失眠、健忘、盗汗等。

## 七情配伍

**1 补益精血、滋养肝肾**：熟地15克、当归12克、白芍10克、鸡血藤15克，用清水浸泡2小时，煎煮40分钟，取汁温服。早晚各服1次。

**2 补益气血**：熟地15克，当归、白术各10克，茯苓、白芍各8克，川芎、炙甘草各5克，人参3克，生姜6克，红枣3克，将所有药物一同水煎30分钟，取汁即可。每日早晚各服1次。主治产后面色苍白、头晕目眩、食欲减退、心悸怔忡等症。

**3 养神安神**：熟地15克，山药、小茴香、茯苓各30克，煎取汁，再与大米100克煮成稀粥，调入红糖。每日服1~2次，温热食。

## 选购鉴别

该品为不规则的块片、碎块，大小、厚薄不一。表面乌黑色，有光泽，黏性大。质柔软而带韧性；不易折断，断面乌黑色，有光泽。无臭，味甘。

## 药用宜忌

✘ 熟地性质黏腻，较生地黄更甚，有碍消化，气滞痰多、脘腹胀痛、食少便溏者忌服。

**性味归经**：性温，味辛，归肝、胆、心包经

川芎常用于活血行气、祛风止痛。川芎辛温香燥，走而不守，既能行散，上行可达巅顶，又入血分，下行可达血海。古人称川芎为"血中之气药"。

## 功效主治

川芎可行气开郁、祛风燥湿、活血止痛。治风冷头痛眩晕、胁痛腹疼、寒痹筋挛、经闭、难产、产后瘀阻腹痛、痈疽疮疡。

## 七情配伍

**1 活血化瘀，通经止痛**：川芎、当归各20克，赤芍、红花、杜仲、香附各10克，用水煎30分钟，每日空腹服1次。

**2 活血化瘀**：川芎9克，细辛、川乌各5克，元胡、甘草各3克，水煎服用，每日早晚各1次。多用于产后恶露腹痛。

**3 活血温经**：川芎25克、当归30克、荆芥穗（炒黑）10克，水煎服用，每日早晚各1次。治疗产后头昏眼花、恶心呕吐、心烦不安。

## 选购鉴别

根茎为不规则结节状拳形团块，直径1.5～7厘米。表面黄褐色至黄棕色，粗糙皱缩，有多数平行隆起的轮节；顶端有类圆形凹窝状茎痕，下侧及轮节上有多数细小的瘤状根痕。质坚实，不易折断，断面黄白色或灰黄，具波状环纹形成层，全体散有黄棕色油点。香气浓郁而特殊，味苦、辛，微回甜，有麻舌感。

## 药用宜忌

- ✗ 高血压性头痛、脑肿瘤头痛、肝火上炎头痛等患者以及阴虚火旺者不宜服用川芎。
- ✗ 川芎恶黄耆、狼毒，畏硝石、滑石、黄连，反藜芦。

 **性味归经**：性微寒，味甘、酸、苦，归肝、脾经

白芍药是中国的传统名花，耐寒冷，喜冷凉气候，不耐水湿，与花中之王牡丹齐名。芍药根含有芍药苷等多种药物成分，具有扩张血管、降压镇痛、清热解痉的作用，有较高的药用价值。

## 功效主治

白芍具有补血养血、平抑肝阳、柔肝止痛、敛阴止汗等功效，适用于阴虚发热、月经不调、胸腹胁肋疼痛、四肢挛急、泻痢腹痛、自汗盗汗、崩漏、带下等症。

## 七情配伍

**1** 补血养血、平抑肝阳：白芍、当归、茯苓、白术各9克，人参、川芎各6克，熟地、黄芪各12克，肉桂、甘草各3克，水煎服用，每日早晚各1次。很适合产后头晕目眩、面色萎黄、倦怠食少者服用。

**2** 祛风止痛：白芍、川芎、藁本、荆芥各10克，菊花12克，甘草、蔓荆子各6克，生地20克，水煎服。每日1剂，早晚分服。

## 选购鉴别

根呈圆柱形，粗细均匀而平直，长10～20厘米，直径1～1.8厘米。表面淡红棕色或粉白色，平坦，或有明显的纵皱及须根痕，栓皮未除尽处有棕褐色斑痕，偶见横向皮孔。质坚实而重，不易折断。断面灰白色或微带棕色，木部放射线呈菊花心状。气无，味微苦而酸。

## 药用宜忌

✖ 白芍性寒，虚寒性腹痛泄泻者以及小儿出麻疹期间不宜食用；此外，服用藜芦者也不宜同用白芍。

✖ 产后不宜用量过大或单用。妇科调经用时，对月经不调或白带量多质稀，不宜用量过大或单用。

✖ 白芍有明显的镇静作用，故昏迷者忌用；婴幼儿及老年人不宜长期服用或过量服用及单独大量使用。

**性味归经**：性微温，味甘、涩，归肝、肾、心经

# 何首乌

何首乌又名多花蓼、紫乌藤、夜交藤等，其块根入药，制首乌可补益精血、乌须发、强筋骨、补肝肾，是常见贵细中药材。

## 功效主治

何首乌具有养血滋阴、润肠通便、截疟、祛风、解毒的功效，主治血虚头昏目眩、心悸、失眠、肝肾阴虚之腰膝酸软、须发早白、耳鸣、遗精、肠燥便秘、久疟体虚、风疹瘙痒、疮痈、瘰疬、痔疮。

## 七情配伍

**1** 补肝肾、强筋骨：何首乌、熟地、怀牛膝、女贞子、桑葚、菟丝子各9克，置保温瓶中，以沸水冲泡，盖闷15分钟后，取汁代茶饮，每日1剂。

**2** 补气血、养容颜：首乌粉40克，茯苓粉15克，白术粉10克，用温水调服。

**3** 养肝补血、健脾益气：何首乌50克，大米90克，红枣4颗。将何首乌加水煎汤，去渣取汁，再与大米、红枣共同煮粥，粥成时调入冰糖。每日早晚分食。

## 选购鉴别

块根纺锤形或团块状，一般略弯曲。长5~15厘米，直径4~10厘米。表面红棕色或红褐色，凹凸不平，有不规则的纵沟和致密皱纹，并有横长皮孔及细根痕。质坚硬，不易折断。切断面淡黄棕色或淡红棕色，粉性，皮部有类圆形的异形维管束作环状排列，形成云锦花纹，中央木部较大，有的呈木心。气微，味微苦而甘涩。

## 药用宜忌

✗ 大便溏稀及湿痰者慎服。

✗ 忌铁、猪肉、血、无鳞鱼、萝卜、葱、蒜。

✗ 何首乌有制过和没制区别，没有制的何首乌有毒，慎用。

**性味归经** 性微温，味甘，归肺、脾、肝、肾经

# 黄芪

黄芪是百姓经常食用的补气良药，民间流传着"常喝黄芪汤，防病保健康"的说话，意思是说经常用黄芪煎汤或泡水代茶饮，具有良好的防病保健作用。黄芪食用方便，可煎汤、煎膏、浸酒、入菜肴等。

## 功效主治

黄芪有补气升阳、固表止汗、利水消肿、生津养血、行滞通痹、托毒排脓、敛疮生肌的功效。主治气虚乏力、食少便溏、中气下陷、久泻脱肛、便血崩漏、表虚自汗、气虚水肿、内热消渴、血虚萎黄、半身不遂、痹痛麻木、痈疽难溃、久溃不敛。

现代医学研究表明，黄芪有增强机体免疫功能、保肝、利尿、抗衰老、抗应激、降压和较广泛的抗菌作用。

## 七情配伍

**1** 补气健脾、利湿消肿：黄芪、冬瓜皮、茯苓皮各30克，生姜皮10克，红枣5颗，加水500克，煮取300克，去渣，加白糖适量，分早晚服用。

**2** 补血理气、行滞通痹：黄芪15克，开水冲泡后代茶饮用，一个月为一疗程。

**3** 产后体虚气弱：党参20克、黄芪15克。水前取汁，加入大米100克、红枣10颗，共煮成粥即可。每日1剂，分1～2次服食。

## 选购鉴别

呈圆柱形，少有分枝，上粗下细，表面灰黄色或淡褐色，栓皮易剥落，露出黄白皮部。断面黄白色，有菊花心，呈放射状纹理及裂隙，有较强的粉性和豆腥气，气微，味微甜。

## 药用宜忌

✗ 身体十分干瘦结实的人不宜服用黄芪。
✗ 普通人春天不宜吃黄芪。

**性味归经** 性平，味甘，归肝、肺、肾经

阿胶是一种传统的补血用药，自古就是很好的补品。阿胶对女性尤为重要，被誉为妇科中的上等良药。

### 功效主治

阿胶具有补血止血、滋阴润燥、养血安胎的功效。主治血虚萎黄、眩晕心悸、肌痿无力、心烦失眠、虚风内动、肺燥咳嗽、痨咳咯血、吐血、便血崩漏。

阿胶中含有大量的钙，可促进钙吸收和贮存，预防骨质疏松。此外，它还具有改善睡眠，治疗月经过多、月经紊乱、子宫出血、经期腹痛等妇科病症的作用。

### 七情配伍

**1 产后气血两虚**：阿胶10克用水融化，将1个鸡蛋调匀，后加入阿胶汁，煮成蛋花即可，每日1~2次。

**2 血虚**：阿胶15克、红参10克、红枣10颗，加入适量清水隔水蒸1小时即可，早晚分食。适用于气血两虚、头晕心慌，以及出血过多引起的贫血。

**3 气血双补**：红枣10颗煎煮取汁，加入阿胶10克，稍沸烊化。每日1剂，分2次温服。

### 选购鉴别

呈长方形块、方形块或丁状。黑褐色，有光泽。质硬而脆，断面光亮，碎片对光照视呈棕色半透明状。气微，味微甘。

### 药用宜忌

- 孕妇、高血压、糖尿病患者应在医师指导下服用。
- 阿胶忌油腻食物。
- 凡脾胃虚弱、呕吐泄泻、腹胀便溏、咳嗽痰多者慎用。
- 感冒期间不宜服用。

**性味归经** 性温,味甘,归心、脾经

# 桂圆

桂圆,又称龙眼,是有名的药食两用的水果,最能补心脾、益气血。桂圆是女性的滋补佳品。对于体虚、失眠的老人来说,桂圆也有滋补养生的功效。

### 功效主治

桂圆具有补心脾、益气血、健脾胃、养肌肉的功效。主治思虑伤脾、头昏、失眠、心悸怔忡、病后或产后体虚,及由于脾虚所致的下血失血症。

桂圆还有抗老防衰的作用,久食可"使人轻身不老"。桂圆可补气养血,对神经衰弱、女性更年期的心烦汗出、智力减退都有很好的食疗作用。而女性产后体虚乏力,或营养不良引起的贫血,食用桂圆是不错的选择。

### 七情配伍

1. **养心安神、益肾固津**:桂圆肉10克、炒酸枣仁10克、芡实12克,入锅,清水大火烧沸后改小火煎20分钟。去渣留汁,加白糖茶饮。

2. **养血益气、补虚安神**:桂圆30克,枸杞子、桑葚各15克,入锅,清水煮汤。每日1剂。

### 选购鉴别

假种皮为不规则块片,常粘结成团,长1~1.5厘米,宽1~3.85厘米,厚约1毫米。黄棕色至棕色,半透明。外表面皱缩不平;内表面(粘附种子的一面)光亮,有细纵皱纹。质柔润,有黏性。气微香,味甚甜。

### 药用宜忌

- ✗ 桂圆属湿热食物,多食易滞气,有上火发炎症状的时候不宜食用。内有痰火或阴虚火旺,以及湿滞停饮者忌食;舌苔厚腻、肠滑便溏、风寒感冒、消化不良时忌食。

- ✗ 桂圆干含糖分较高,糖尿病患者忌食;患有痤疮、痈疽疔疮、女性盆腔炎、尿道炎、月经过多者也应忌食。

**性味归经** 性平，味甘，归肝、肾经

# 枸杞子

枸杞子是常见常用的药食两用营养滋补品。枸杞子之名始见于《神农本草经》，并列为上品。

## 功效主治

枸杞子具有养阴补血、滋补肝肾、益精明目的功效，常用于辅助治疗肝肾虚损、精血不足所致的腰膝酸软、头晕、耳鸣、遗精等症，对肝肾不足、精血不能上济于目所致的眼目昏花、视力减退等症疗效尤佳。

现代医学研究表明，枸杞子具有增强白细胞活性、抑制脂肪在肝细胞内沉积、促进肝细胞新生的作用，对慢性肝炎、中心性视网膜炎、视神经萎缩等有一定辅治作用，还可降血压、调血糖、降血脂。

## 七情配伍

1. **产后血虚失眠**：枸杞子10克、桂圆肉15克、红枣4颗、大米100克，洗净后加水熬粥食用。

2. **滋阴补血、健脾益肾**：枸杞子50克、茯苓100克，共研为粗末，每次取5～10克，加红茶6克，用开水冲泡10分钟即可。每日2次，代茶饮用。

## 选购鉴别

呈椭圆形或纺锤形，略压扁，长1.5～2厘米，直径4～8毫米。表面鲜红色至暗红色，具不规则的皱纹，略有光泽，一端有白色果柄痕。肉质柔润，内有多数黄色种子；扁平似肾脏形。无臭，味甜，嚼之唾液染成红黄色。

## 药用宜忌

✘ 枸杞子具有兴奋性神经的作用，性欲亢进者不宜服用。

✘ 糖尿病患者要慎用，不宜过量。

✘ 枸杞子不宜与绿茶同服。

# 催乳通乳

## 通草

**性味归经**：性微寒，味甘、淡，归肺、胃经

通草为五加科植物通脱木的茎髓，长得像灯芯，质地像海绵，一条条圆圆长长的，民间常用其为产妇下奶之用。

## 功效主治

通草具有清湿利水、通乳的功效。主治淋症涩痛、小便不利、水肿、黄疸、小便短赤、产后乳少、经闭、带下。

现代医学研究表明，通草能促进脂肪代谢，有降血脂的作用；通草能促进钙的吸收；水煎剂有明显的利尿作用；当气息不通闻不到东西时，可以用通草、细辛和附子等量磨成粉，和蜜一起混合，裹上布塞入鼻腔中。

## 七情配伍

**1** 补虚通乳：猪蹄1对、茭白15克、通草10克，煨汤或煮熟吃。

**2** 产后缺乳：通草、漏芦各10克，党参、黄芪各30克，当归、路路通各18克，柴胡、青皮、陈皮、穿山甲、王不留各12克，香附15克，水煎服，每日1剂。

**3** 产后缺乳、出虚汗：猪蹄2只、通草6克、葱白3根，共同加水煮汤，每日分3次服用。可用于治疗产后乳汁缺少，又可补气健脾、益肺止汗、补虚固表，治疗产后虚汗症。

## 选购鉴别

干燥茎髓呈圆柱形，一般长30～60厘米，直径1.2～3厘米。洁白色，有浅纵沟纹。体轻，质柔软，有弹性，易折断，断面平坦，中部有直径0.5～1.5厘米的空心或白色半透明的薄膜，外圈银白色，纵剖面有层层隔膜，无臭无味。

## 药用宜忌

✘ 气阴两虚、中寒、内无湿热者及孕妇慎服。

 性味归经：性平，味苦，入肝、肾经

# 路路通

路路通可活血通络、通乳下乳、舒筋利节、利水消肿、通痹止痛，也是治疗风寒（热）湿痹的要药之一。

## 功效主治

中医认为，"血水同源""血乳同类"。能通活血脉的药自然也能通经，可用于治疗经闭、痛经、不孕等病症；同样，能通活血脉的药也能下乳，主治产妇无乳或少乳属瘀血阻滞者。另外，路路通既能祛风湿，又能舒筋络、通经脉，能通行经脉而散瘀止痛，治疗治跌打损伤。还能疏肝理气而通经，治气滞血瘀之经少不畅或经闭。

## 七情配伍

1. **疏肝理气、通乳下乳**：路路通30克、香附20克、郁金10克、金橘叶15克，加适量水，煎煮30分钟，去渣取汁，待药汁转温后调入蜂蜜30克，搅匀即可。早晚各服1次。

2. **解郁、通乳**：路路通、甘草各5克，麦冬10克，当归、黄芪、党参各30克，王不留行、瓜蒌、元参、黑芝麻各12克，通草3克，桔梗6克，共同水煎35分钟。每日1剂，饭后服用。

## 选购鉴别

路路通为圆球形，直径2~3厘米。表面灰棕色至棕褐色，有多数尖刺状萼齿及鸟嘴状花柱，常折断或弯曲，除去后则出现多数蜂窝小孔；基部有圆柱形果柄，长3~4.5厘米。果顶部开裂形成空洞状，可见许多种子，为多角形，直径约1毫米，呈黄棕色或亚棕褐色，为扁平长圆形。路路通体轻，质硬，不易破开。气微香，味淡。选购时以个大、无泥、无果柄者为佳。

## 药用宜忌

✗ 阴虚内热者不宜食用。

✗ 虚寒血崩者忌服。

# 化瘀消肿

**性味归经** 性平,味甘,归心、肺、脾、肾经

茯苓自古被视为"中药八珍"之一。茯苓的功效非常广泛,不分四季,将它与各种药物配伍,不管寒、温、风、湿诸疾,都能发挥其独特功效。

## 功效主治

中医认为,茯苓利水渗湿、健脾宁心,用于水肿尿少、痰饮眩悸、脾虚食少、便溏泄泻、心神不安、惊悸失眠。

## 七情配伍

**1 利水渗湿**:大米100克、茯苓粉20克一起放入锅中,加入适量水,水沸后转用小火熬至粥糜。每天早晚各服用1次,根据口味可加入红糖或盐。

**2 产后水肿**:茯苓、龙葵、半枝莲各15克,红参、白术、黄芪各9克,干姜、丁香、炙甘草各3克,水煎服,每日1剂。

**3 健脾利湿**:茯苓、扁豆、炒薏米各20克,水煎煮20分钟,早晚各服1次。适用于产后气虚体弱、脾胃不足、食欲不振、面浮水肿等症。

## 选购鉴别

可呈类球形、椭圆形、扁圆形或不规则团块,大小不一。外皮薄而粗糙,呈棕褐色至黑褐色,有明显的皱缩纹理。体重,质坚实,断面颗粒性,有的具裂隙。外层淡棕色,内部白色,少数淡红色,有的中间抱有松根。气微,味淡,嚼之粘牙。

## 药用宜忌

- 炮制后的茯苓宜贮于干燥容器内,置通风干燥处,防潮。
- 阴虚火旺者忌服茯苓。阴虚而无湿热、虚寒精滑、气虚下陷者慎服。
- 茯苓恶白敛,畏牡蒙、地榆、雄黄、秦艽、龟甲,忌米醋。

 性微寒，味辛、微苦，入肺经

# 鱼腥草

鱼腥草是一种草药，通常以其地下根为食用部分。药店有干品，超市和菜市场有新鲜鱼腥草出售。近年来鱼腥草颇受青睐，除采用传统汉方、药膳食疗外，还常作为野菜时蔬食用。

## 功效主治

鱼腥草是天然又安全的抗生素，最难得的是它的药性可以通达人体的上中下三焦。能清热解毒、消肿疗疮、利尿除湿、止痢、健胃消食，用治实热、热毒、湿邪、痰热为患的肺痈、疮疡肿毒、痔疮便血、脾胃积热等。

## 七情配伍

1. **清热解毒、凉血散瘀**：马齿苋、鱼腥草各250克，分别洗净，用沸水焯一下，加香油、酱油、醋等调料凉拌。分顿服食。

2. **妇科炎症**：鱼腥草、蒲公英、忍冬藤各30克，水煎15分钟，每日2次饮服。

## 选购鉴别

鱼腥草茎扁圆形，皱缩而弯曲，长20～30厘米；表面黄棕色，具纵棱，节明显，下部节处有须根残存；质脆，易折断。叶互生，多皱缩，展平后为心形，长3～5厘米，宽3～4.5厘米；叶柄细长，基部与托叶合成鞘状。搓碎有鱼腥气，味微涩。以叶多、色绿、有花穗、鱼腥气浓者为佳。

## 药用宜忌

✘ 鱼腥草性属寒凉，体质寒凉、身体羸弱的人群应少吃。

✘ 不宜长期大量食用，否则会耗精髓、损阳气。

# 清热安神

## 甘草

**性味归经**：性平，味甘，归心、脾、肺、胃经

甘草是一种补益中草药，喜阴暗潮湿、日照长、气温低的干燥气候。甘草多生长在干旱、半干旱的荒漠草原、沙漠边缘和黄土丘陵地带。

### 功效主治

甘草可补脾益气、润肺止咳、清热解毒、缓解止痛、缓和药物烈性和毒性，用于脾胃虚弱、气短乏力、心悸怔忡、咳嗽痰少、热毒疮疡、药食中毒、脘腹急痛、四肢挛痛。

### 七情配伍

**1 唇焦咽燥、睡卧不宁**：甘草、川大黄、朴消各20克，山栀子仁、薄荷叶、黄芩各10克，连翘40克，水煎20分钟，早晚各服用1次。

**2 清热降火，滋阴润燥**：甘草3克，地骨皮、桑白皮各30克，水煎20分钟。早晚各服用1次。适用于身热多汗、虚烦不寐、心胸烦闷、气逆欲呕。

**3 清热解毒疗疮**：甘草12克、白菊花各12克，浸泡30分钟后煎煮，煮沸10分钟后去渣，趁温热分4次服用。

### 选购鉴别

呈圆柱形，长25~100厘米，直径0.6~3.5厘米。外皮松紧不一，表面红棕色或灰棕色，断面中部有髓。气微，味甜而特殊。

### 药用宜忌

- 止咳、清火解毒宜用生甘草，补中缓急宜用炙甘草。
- 甘草调和诸药量宜小，作为主药量稍大，用于中毒抢救量宜大。
- 甘草味甘，能助湿壅气，令人中满，所以湿盛而胸腹胀满及呕吐的人忌服甘草。
- 甘草不宜久服。久服较大剂量的甘草容易引起水肿。
- 甘草不可与鲤鱼同食，反大戟、芫花、甘遂、海藻。

**性味归经** 性平，味甘、涩，归脾、肾、心经

莲子俗名藕实、莲蓬子，主产湖南、湖北、福建、江苏、浙江、江西。莲子善于补五脏不足，通利十二经脉气血，使气血畅而不腐。

## 功效主治

莲子具有补脾止泻、益肾固精、养心安神的功效。主治脾虚久泻、肾虚遗精、滑泄、小便不禁、崩漏带下、心神不宁、惊悸、失眠。

现代医学研究表明，莲子富含棉子糖，是老少皆宜的滋补品，对于久病、产后或老年体虚者更是常用营养佳品；莲子碱有平抑性欲的作用，对于梦多、遗精频繁或滑精者有良好的止遗涩精作用。

## 七情配伍

**1 清心宁神、清热除燥：**莲子15克、百合30克、麦冬12克，用水煎煮20分钟，早晚各服1次。适用于产后余热未尽、心阴不足、心烦口干、心悸不眠等。

**2 养心安神、补脾止泻：**莲子20克、糯米100克，用水浸泡30分钟，加水煮粥，待粥快熟时放红糖稍煮片刻即成。每日早晚空腹温服，四季皆宜。

## 选购鉴别

略呈椭圆形或类球形，长1.2～1.8厘米，直径0.8～1.4厘米。表面浅黄棕色至红棕色，有细纵纹和较宽的脉纹。一端中心呈乳头状凸起，深棕色，多有裂口，其周边略下陷。质硬，种皮薄，不易剥离，有绿色莲子心。莲子气微，味甘、微涩；莲子心味苦。

## 药用宜忌

✘ 莲子涩肠止泻，中满痞胀及大便燥结者不宜食用。
✘ 莲子不宜空腹服用。

**性味归经** 性微寒,味甘、微苦,归心、肺经

百合花、鳞状茎均可入药,是一种药食兼用的花卉。百合的鳞茎由鳞片抱合而成,有"百年好合""百事合意"之意。兰州百合个大、味甜,迄今已有400多年历史。

## 功效主治

百合具有养阴润肺、清心安神的功效。主治阴虚久嗽,痰中带血,痈肿,湿疮,热病后期余热未清或情志不遂所致的虚烦惊悸、失眠多梦、精神恍惚。

百合鲜品富含黏液质及维生素,对皮肤细胞新陈代谢有益,常食百合有一定美容作用。

## 七情配伍

**1** **养心安神、益阴敛汗**:百合15克、酸枣仁20克,水煎20分钟,每日1次。

**2** **清热凉血、祛风活络**:百合、生地各30克,夜交藤、丹参各45克,五味子15克,水煎20分钟。每日1剂,午睡或晚上就寝之前服用。

**3** **养阴解表、润肺止咳**:百合粉30克,麦冬、杏仁各9克,桑叶12克,蜜炙枇杷叶10克,加水煎煮20分钟,每日1剂。

**4** **清热除烦、补肾养血**:百合150克、枸杞子100克,同蒸至百合烂熟,调入蜂蜜适量。每晚临睡前食用50克。

## 选购鉴别

鳞叶呈长椭圆形,顶端尖,基部较宽,微波状,向内卷曲,长1.5~3厘米,宽0.5~1厘米,厚约4毫米,有脉纹3~5条,有的不明显。表面白色或淡黄色,光滑半透明,质硬而脆,易折断,断面平坦,角质样。无臭,味微苦。

## 药用宜忌

- 百合为药食兼优的滋补佳品,四季皆可应用,但更宜于秋季食用。
- 百合虽能补气,也伤肺气,不宜多服。
- 风寒咳嗽及中寒便溏者忌服。

PART

# 3

# 坐月子饮食专家方案

产后一个月,新妈妈的身体在不断发生变化,
子宫、乳房、产道等生殖系统也在不断恢复,
因此月子期间的进补应根据新妈妈的身体变化和需要进行。
产后第一周重在活血化瘀,排出恶露,促进伤口消肿、愈合;
第二周重在催乳,给宝宝提供充足的乳汁;
第三周开始进补,补血补虚;
第四周继续进补,增强体质,促进身体尽快恢复。

# 产后第一周：化瘀消肿

产后第一周，新妈妈的身体还比较虚弱，是重要的恢复期。这期间的饮食需要帮助新妈妈恢复体力，促进子宫恢复，重在活血化瘀、排出恶露、消肿止痛等。

## 新妈妈的身体变化

从生完宝宝后，产后新妈妈的身体就开始产生新的变化，每周的变化都不同。第一周主要有以下变化。

| | |
|---|---|
| 恶露 | 新妈妈会排出类似月经的物质，这就是恶露。本周正是新妈妈排恶露的关键期，恶露起初为鲜红色，几天后逐渐转成淡红色。恶露无异味，量不超过平时的月经量 |
| 子宫 | 本周子宫会慢慢变小，逐日收缩，逐渐缩小至拳头大小。一般产后1周，子宫的位置会从肚脐处下降到耻骨的位置 |
| 乳房 | 宝宝出生后半个小时内，就会被送到妈妈面前，开始吸吮乳头。通常情况下，在产后的第三天，新妈妈才会有乳汁分泌 |
| 体重 | 分娩后不久，由于胎儿、胎盘、羊水等被排出体外，新妈妈的体重通常会减轻5千克左右 |
| 精神 | 新妈妈在分娩时消耗了大量体力，在产后的第一周，多会觉得精神倦怠，因此，需要多卧床休息 |

## 剖宫产后宜喝萝卜汤

萝卜汤具有宽中下气的作用，有良好的通气除胀作用，适用于剖宫产后。剖宫产6小时后宜喝一些萝卜汤等，以增强肠蠕动，促进排气，减少腹胀，并使大小便通畅。

同时新妈妈也要控制盐的摄入，如咸菜、果脯等腌制食品要少吃。当新妈妈排气后，适宜吃富有营养且易消化的流质或半流质饮食，如蛋汤、烂粥、面条等，然后依新妈妈体质，饮食再逐渐恢复到正常。

## 顺产第一周饮食

| 顺产第一天 | 饮食上应以富含水分、易消化的食物为主，可以适当进食清淡、稀软的食物，如红糖水、蛋花汤、鸡蛋羹、小米粥、牛奶等都是很好的选择 |
|---|---|
| 顺产第二天 | 新妈妈的胃口可能还不太好，可以多喝红糖水、乌鱼汤等补气养血的食物，坚持少食多餐 |
| 顺产第三天 | 新妈妈正式开始分泌乳汁了，哺乳的新妈妈要注意合理的营养搭配，可以适当食用一些汤粥，以促进乳汁分泌 |
| 顺产第四天 | 新妈妈应多吃一些有抗抑郁作用的食物，以缓解不良情绪 |
| 顺产第五天 | 新妈妈应适当选择一些有助于调节神经功能、改善睡眠的食物，如莲子、虾、牛奶、蜂蜜、核桃、鱼、小米、香蕉等 |
| 顺产第六天 | 新妈妈争取多吃一些高蛋白、高热量、低脂肪，利于消化和吸收的食物 |
| 顺产第七天 | 新妈妈可以逐渐恢复正常饮食，可以吃鲤鱼、鲫鱼、薏米、香菇、白萝卜、南瓜等营养丰富的食物，但依然要以清淡为主 |

## 别急着喝催乳汤

为了尽快下乳，许多新妈妈产后都有喝催乳汤的习惯。但是，产后什么时候开始喝催乳汤是有讲究的。喝得过早，乳汁下来过快过多，这时新生儿又吃不了那么多，容易造成浪费。同时，宝宝吃不完的乳汁会使新妈妈乳管堵塞而出现乳房胀痛。

但喝得过迟，乳汁下来过慢过少，也会使新妈妈因"无奶"而心情紧张。一紧张，泌乳量会进一步减少，形成恶性循环。

**专家指导**

一般来说，宝宝出生后的第三天，妈妈开始正式分泌乳汁。因此，从产后第三天开始催乳是比较适宜的。

## 产后第1天

枸杞糯米粥

### 顺产妈妈一日食谱

**早餐** 枸杞糯米粥1碗 + 小包子1个 + 鸡蛋羹1碗

**中餐** 香浓玉米饼2块 + 核桃炒猪腰1份 + 芹菜茭白汤1份

**15点加餐** 香蜜茶1杯 + 木瓜1块 + 玉米面发糕1块

**晚餐** 南瓜米饭1碗 + 彩椒墨鱼仔1份 + 蛋花汤1份

**20点加餐** 莲藕排骨汤1份

## 枸杞糯米粥

**原料** 糯米100克,桑葚、枸杞子各30克。

**调料** 白糖15克。

**做法**

1. 分别将桑葚、枸杞子、糯米洗净。
2. 在锅中加适量清水,放入桑葚、枸杞子、糯米煮沸,转用小火熬至米熟烂成稀粥,加入白糖搅拌至化即可食用。

**营养功效**

本品具有养阴补血、滋肝益肾之功效,适用于骨质疏松、腰痛骨酸、心烦口燥、尿黄等症状的新妈妈。

## 鸡蛋羹

**原料** 鸡蛋2个。

**调料** 盐、香油各少许。

**做法**

1. 把鸡蛋打入碗里,加一点盐,再加入适量水,用筷子打散、打匀。
2. 把搅拌好的鸡蛋羹放在蒸锅里,上汽后约5分钟便可关火,淋上少许香油即可。

**营养功效**

鸡蛋含有多种人体需要的营养物质,故被营养学家称之为"完全蛋白质模式",是新妈妈的理想食品。

## 香浓玉米饼 中餐

**原料** 玉米面150克，面粉30克，牛奶300克，酵母粉适量。
**调料** 白糖适量。
**做法**
1. 将玉米面和面粉放入盆中；酵母粉和白糖用温牛奶化开，倒入盆中后拌成稠面糊。
2. 把面盆盖上，放置发酵40分钟左右。
3. 电饼铛涂薄油，舀一勺面糊倒入其中，用勺背轻轻推成圆形，两面煎成金黄色即可。

**营养功效**
玉米利尿降压、防治便秘，牛奶养胃安神，面粉健脾养胃、补虚。本品有助于新妈妈伤口愈合、身体恢复。

## 彩椒墨鱼仔 晚餐

**原料** 墨鱼300克，彩椒80克。
**调料** 姜末、葱段、料酒、盐各适量。
**做法**
1. 墨鱼去头去骨，切成方块，焯水备用；彩椒洗净，切菱形片。
2. 油锅烧热，爆香葱段、姜末，放墨鱼块，加适量料酒翻炒，再下入彩椒片炒熟，入盐调味即可。

**营养功效**
本品对新妈妈有提高免疫力、补血、缓解疲劳、促进食欲等功效。

### 剖宫产妈妈一日食谱

**早餐** 红糖小米粥2碗

**中餐** 烂面条2碗 + 黑鱼汤1份

**15点加餐** 黑芝麻糊1碗

**晚餐** 蔬菜粥2碗 + 白萝卜排骨汤1份 + 酒酿冲蛋1碗

**20点加餐** 藕粉1碗

## 红糖小米粥

**原料** 小米100克,红糖适量。

**做法**

1. 将小米淘洗干净,放入开水锅内,大火烧开后转小火煮至粥稠。
2. 加入适量红糖搅匀,再煮开,盛入碗内即可。

**营养功效**

此粥黏糯香甜,是剖宫产新妈妈的补血佳品。小米营养丰富,红糖含铁量高,适用于失血较多的新妈妈及剖宫产排气后的头几天食用。

## 烂面条

**原料** 切面150克,鸡蛋1个,番茄、菠菜各适量。

**调料** 盐、香油各适量。

**做法**

1. 菠菜洗净,焯烫后切段;番茄洗净,去皮,切片;鸡蛋打散。
2. 油锅烧热,下入番茄煸出汤汁,加入适量清水,大火烧开后,放入切面煮至熟烂,加入菠菜,调入香油、盐搅匀即可。

**营养功效**

本品营养价值高,有养心安神、补血、滋阴润燥等功效。

## 黑鱼汤 <sub>中餐</sub>

**原料** 黑鱼400克，干木耳20克，豆腐、猪瘦肉各50克。

**调料** 葱花、姜片、料酒、盐各适量。

**做法**

1. 将黑鱼去鳞、鳃、肠杂，洗净，切成段；木耳用温水泡开，洗净；豆腐洗净，切块；猪瘦肉洗净，切片。
2. 锅中放油烧热，炒香姜片，放入黑鱼段略煸，加适量料酒、清水，大火烧开，放入木耳、豆腐块、猪瘦肉片，转中火烧至汤浓，加盐调味，撒上葱花即可。

**营养功效**

黑鱼汤富含钙、蛋白质，有利于伤口愈合，是剖宫产新妈妈常食用的食物。

## 白萝卜排骨汤 <sub>晚餐</sub>

**原料** 白萝卜300克，猪排骨500克。

**调料** 姜片、葱花、盐各适量。

**做法**

1. 将白萝卜洗净，去外皮，切成块；猪排骨洗净，放入开水中焯去血水，切段。
2. 将猪排骨、姜片放入砂锅中，先用大火煮半小时，放入白萝卜块煮开后，转小火熬煮约1小时，加盐调味，撒上葱花即可。

**营养功效**

白萝卜宽中下气，可促进剖宫产妈妈肠道排气；猪排骨可以促进伤口愈合，增强体质。此汤能够帮助新妈妈恢复体力。

## 产后第2天

蚝油芦笋

### 顺产妈妈一日食谱

**早餐** 花生糯米粥1碗 + 什锦包子2个 + 煮鸡蛋1个

**中餐** 米饭1碗 + 蚝油芦笋1份 + 黄豆炖排骨1份

**15点加餐** 香蕉1根 + 姜枣桃仁汤1碗

**晚餐** 菠菜汤面1碗 + 清炒虾仁1份

**20点加餐** 香菇牛肉汤1碗

## 蚝油芦笋

**原料** 芦笋500克。

**调料** 蚝油、盐各适量。

**做法**

1. 芦笋去外皮，洗净。
2. 锅加油烧热后，放入芦笋翻炒，加盐用大火炒3分钟左右，加入蚝油，继续翻炒至熟即可。

**营养功效**

芦笋清热、生津润燥、利小便。此菜清淡爽口，非常适合无食欲的新妈妈食用。

## 香菇牛肉汤

**原料** 嫩牛肉250克，水发香菇70克。

**调料** 葱段、姜片、料酒、香油、盐各适量。

**做法**

1. 牛肉洗净，切块，焯烫去血水；香菇洗净，切片。
2. 将牛肉、葱段、姜片放入锅内，加入适量清水及料酒，用小火炖至牛肉酥烂；放入香菇，再焖约10分钟，撒入盐调味，淋香油即可。

**营养功效**

本品能益气血、补脾胃、暖腰膝、强筋骨，非常适合新妈妈食用。

### 剖宫产妈妈一日食谱

**早餐** 红枣山药粥1碗 + 素包子2个 + 牛奶鸡蛋羹1份

**中餐** 二米饭1碗 + 牛肉萝卜汤1份 + 番茄炒鸡蛋1份

**15点加餐** 香蕉1根 + 小饼干5块

**晚餐** 番茄面1碗 + 紫菜瘦肉花生汤1份 + 鸡腿菇炒虾仁1份

**20点加餐** 八宝粥1碗

## 牛肉萝卜汤

**原料** 牛肉150克，白萝卜200克。

**调料** 香菜末、姜末、淀粉、香油、盐各适量。

**做法**

1. 将牛肉洗净，切成薄片，放入碗中，加盐、姜末和淀粉拌均匀；白萝卜洗净，切成薄片。
2. 汤锅加适量清水，用大火烧开，放入白萝卜片煮开，煮至白萝卜透明后下牛肉片搅散，加盐、香油调味，撒入香菜末即可。

**营养功效**

此菜有健脾益肾、补气养血、强筋健骨等功效，是新妈妈产后的补身佳品。

## 鸡腿菇炒虾仁

**原料** 鸡腿菇、虾仁各100克。

**调料** 姜末、水淀粉、淀粉、料酒、盐各适量。

**做法**

1. 鸡腿菇洗净，切丁；虾仁洗净，沥干水分后加少量淀粉抓匀。
2. 锅加油烧至七成热，放入虾仁煸炒，滑散，盛起，沥油。
3. 另起油锅烧热，放入鸡腿菇煸炒片刻，加姜末、虾仁、盐、料酒，用水淀粉勾芡即可。

**营养功效**

此菜营养丰富，富含膳食纤维、钙、铁等，有助于预防产后贫血、便秘。

PART 3 坐月子饮食专家方案

## 产后第3天

生化汤

### 顺产妈妈一日食谱

**早餐** 山药糊1碗 + 小炒木耳1份 + 豆渣花卷1个

**中餐** 米饭1碗 + 鸭血烧豆腐1份 + 香菇西蓝花1份

**15点加餐** 茯苓粥1碗 + 红提子6颗 + 生化汤1份

**晚餐** 三鲜炒饼1份 + 荷兰豆肉片汤1份

**20点加餐** 桃仁莲藕汤1份

## 山药糊 早餐

**原料** 山药、面粉各120克。

**调料** 葱末、姜末、红糖各适量。

**做法**

1. 将山药去皮,洗净,切薄片,再捣为糊状。
2. 锅中放适量水烧沸,边搅边下山药糊,煮沸后下面粉调匀,再放入葱末、姜末及红糖等,煮成糊即可。

**营养功效**

山药健脾益胃、助消化,红糖补铁益血。山药糊可以提高产后新妈妈的食欲,有利于新妈妈产后补血。

## 生化汤 加餐

**原料** 当归16克,川芎8克,桃仁、炙甘草各1.5克,米酒500克。

**调料** 干姜1小块。

**做法**

1. 将当归、川芎、桃仁(去心)、干姜、炙甘草洗净,放入砂锅中,倒入米酒,略微浸泡。
2. 砂锅置火上,用大火煮开后,转小火加盖熬煮约45分钟即可。分为3次,于每餐前饮用,也可当茶喝,每次小口。

**营养功效**

产后适当喝生化汤能活血化瘀、温经止痛,有助于提高身体抵抗力,促进子宫修复。

### 剖宫产妈妈一日食谱

**早餐** 花生红枣粥1碗 + 圆白菜烩豆腐丝1份 + 红豆包2个

**中餐** 玉米燕麦饼1份 + 荷兰豆肉片汤1份 + 西蓝花炒虾球1份

**15点加餐** 木瓜炖牛奶1碗

**晚餐** 菠菜面1碗 + 香油猪肝1份 + 白萝卜排骨汤1份

**20点加餐** 红糖小米粥1碗

## 西蓝花炒虾球 〔中餐〕

**原料** 虾仁100克,西蓝花200克,红甜椒1个。

**调料** 蒜末、料酒、生抽、白糖、香油、盐各适量。

**做法**

1. 西蓝花洗净,掰成小朵,放入沸水中焯熟;红甜椒洗净,切菱形片;虾仁洗净备用。
2. 蒜末入油锅炒香,放入虾仁拌炒,待虾仁变色后,淋入料酒、生抽,撒入白糖,再加入西蓝花和红甜椒,用大火迅速翻炒,加盐、香油调味即可。

**营养功效**

此品味道鲜香,可提高新妈妈食欲,还可增强新妈妈的体质和抗病能力。

## 香油猪肝 〔晚餐〕

**原料** 猪肝300克。

**调料** 姜片、米酒、香油各适量。

**做法**

1. 猪肝收拾干净,洗净,切片。
2. 锅加热后倒入香油,加入姜片煎到呈浅褐色时捞出。
3. 猪肝入锅以大火快炒,再倒入米酒煮开,盛出猪肝。将酒用小火煮至没有酒味,再将猪肝回锅即可。

**营养功效**

此品有助于新妈妈排出恶露。猪肝富含维生素A、铁等,具有补血养血的作用,配上香油和米酒,还有通经祛瘀、润肠散寒的作用。

## 产后第4天

何首乌黑豆粥

### 顺产妈妈一日食谱

**早餐** 何首乌黑豆粥1碗 + 花卷1个 + 煮鸡蛋1个 + 圣女果5颗

**中餐** 三鲜水饺1碗 + 莲子猪心汤1份 + 凉拌木耳1份

**15点加餐** 豆浆1杯 + 红豆包1个

**晚餐** 米饭1碗 + 菠菜炒鱼肚1份 + 益母草香附鸡肉汤1份

**20点加餐** 金针菇豆苗汤1碗

## 何首乌黑豆粥

**原料** 黑豆、红枣各30克,何首乌20克,大米100克。

**调料** 冰糖适量。

**做法**

1. 将何首乌洗净;黑豆、大米淘净,黑豆浸泡4小时;红枣洗净,去核。
2. 将何首乌、红枣、黑豆、大米同放锅内,加适量清水,置大火上烧沸。
3. 转小火煮约45分钟,加入冰糖搅匀煮化即可。

**营养功效**

此粥具有活血祛瘀、调经止痛的功效,可帮助产后新妈妈排出恶露。

## 莲子猪心汤

**原料** 猪心200克,莲子50克。

**调料** 姜片、料酒、盐各适量。

**做法**

1. 猪心洗净,切成片;莲子洗净。
2. 将莲子和猪心一起放入汤锅内,加入姜片、料酒和适量清水,用大火烧沸;撇去汤中浮沫,再改用小火炖至莲子酥烂,加入盐即可。

**营养功效**

此汤养心安神、补气补血,可改善新妈妈心气虚弱、心神不宁等症状。

### 剖宫产妈妈一日食谱

**早餐** 菠菜瘦肉粥1碗 + 煮鸡蛋1个 + 凉拌小黄瓜1份

**中餐** 米饭1碗 + 乌鸡莼菜汤1份 + 番茄烧豆腐1份

**15点加餐** 藕汁饮1杯 + 全麦面包1个 + 草莓5颗

**晚餐** 素包子2个 + 芦笋炒鲜蘑1份 + 肉末小土豆汤1份

**20点加餐** 山楂粥1碗

## 菠菜瘦肉粥

**原料** 大米、菠菜各100克，猪里脊肉50克。

**调料** 葱丝、姜丝、盐各适量。

**做法**

1. 菠菜洗净，切碎；猪里脊肉洗净，切小丁，放入热油锅中稍加煸炒，盛起备用。
2. 大米淘洗干净，加适量清水用大火煮开后，转小火煮至米粒酥软，放入肉丁煮熟，下入姜丝、葱丝、盐调味，再放入菠菜碎煮熟即可。

**营养功效**

菠菜与瘦肉同煮成粥，新妈妈食用后可补血健脾、清热开胃。

## 番茄烧豆腐

**原料** 南豆腐500克，番茄120克，毛豆50克。

**调料** 姜片、水淀粉、白糖、盐各适量。

**做法**

1. 南豆腐洗净，切小块；番茄洗净，去皮，切块；毛豆洗净；豆腐、毛豆分别用水焯一下。
2. 油锅烧热，放入番茄翻炒出汁，下入豆腐、毛豆、适量清水一起煮5分钟，加入姜片、白糖、盐煮入味，用水淀粉勾芡即可。

**营养功效**

此品可为产后新妈妈补充多种维生素和蛋白质，还有润燥、开胃的作用。

## 产后第5天

五彩银芽

### 顺产妈妈一日食谱

**早餐** 奶油吐司3片 + 牛奶1杯 + 苹果1个

**中餐** 杂粮米饭1碗 + 木樨肉1份 + 五彩银芽1份

**15点加餐** 牛奶鸡蛋羹1份 + 圣女果5颗

**晚餐** 素包子1个 + 花生莲藕排骨汤1份 + 什锦豌豆1份

**20点加餐** 益母红枣汤1碗

## 五彩银芽

**原料** 绿豆芽150克,彩椒60克,鲜香菇50克。

**调料** 香油、盐、白糖各适量。

**做法**

1. 将彩椒和香菇洗净,切成丝;绿豆芽洗净,放入开水锅中焯至断生,捞出沥水。
2. 油锅烧热,下入彩椒丝、香菇丝煸炒,加入盐、白糖炒匀,再加入绿豆芽拌匀,淋入香油即可。

**营养功效**

绿豆芽性凉味甘,可清热、通经脉、利尿消肿,有助产后新妈妈消除水肿。

## 益母红枣汤

**原料** 益母草20克,红枣50克。

**调料** 红糖适量。

**做法**

1. 益母草放在砂锅中,加清水浸泡半小时;红枣洗净,去核。
2. 将砂锅置火上,大火煮沸,改小火煮半小时,过滤取200克药液;药渣再加适量水,煎法同前,再得200克药液。
3. 合并两次药液,加红枣煮沸,加入红糖煮化即可。

**营养功效**

本品具有温经养血、祛瘀止痛的功效,新妈妈喝这款汤可促进恶露排出。

## 剖宫产妈妈一日食谱

**早餐** 鲜肉馄饨1碗 + 红豆包1个 + 凉拌小黄瓜1份

**中餐** 米饭1碗 + 西芹爆墨鱼片1份 + 芹菜香菇1份 + 海带金针菇汤1份

**15点加餐** 绿豆莲藕汤1碗 + 核桃仁3颗

**晚餐** 糙米八宝饭1碗 + 红枣鸡蛋汤1份 + 红烧鲳鱼1份

**20点加餐** 橙汁豆腐羹1碗

## 海带金针菇汤

**原料** 水发海带100克,金针菇150克,胡萝卜50克。

**调料** 葱花、香菜末、酱油、盐各适量。

**做法**

1. 海带洗净,切丝;金针菇去根,洗净,焯水;胡萝卜洗净,去皮,切丝。
2. 油锅烧热,炒香葱花,放入海带和胡萝卜翻炒均匀,加适量清水和酱油,大火烧开,转小火煮8分钟。
3. 下入金针菇煮3分钟,加盐调味,撒上香菜末即可。

**营养功效**

海带可消炎软坚、利水消肿;金针菇抗疲劳、提高免疫力。这款汤有助于剖宫产新妈妈伤口愈合、恢复体力。

## 绿豆莲藕汤

**原料** 莲藕200克,绿豆50克。

**调料** 姜片、肉汤、盐各适量。

**做法**

1. 绿豆洗净,浸泡2小时;莲藕去皮,洗净,切片,在开水中煮5分钟,捞出并用凉水冲净。
2. 在锅中加入去油脂的肉汤,烧开后加入莲藕片、绿豆、姜片,用中火烧至绿豆熟烂,加入盐调味即可。

**营养功效**

本品具有清热解毒、活血化瘀的功效,有利于产后妈妈排出恶露、排毒养颜。

# 产后第 6 天

洋葱炒猪肝

## 顺产妈妈一日食谱

**早餐** 小米粥1碗 + 莲蓉糖包 1个 + 煎鸡蛋1个 + 凉拌菠菜1份

**中餐** 八宝饭1碗 + 黄豆焖鸡翅1份 + 紫菜蛋花汤1份

**15点加餐** 酒酿冲蛋1碗 + 葡萄10颗

**晚餐** 鸡丝面1碗 + 洋葱炒猪肝1份

**20点加餐** 牛奶红枣粥1碗

## 紫菜蛋花汤 中餐

**原料** 紫菜6克，鸡蛋2个。

**调料** 姜末、葱花、清汤、盐、香油各适量。

**做法**

1. 紫菜泡发，洗净；鸡蛋打散。
2. 油锅烧热，下入姜末炝香，注入适量清汤，加入紫菜，用中火煮开，调入盐，打入鸡蛋，淋香油，撒上葱花即可。

**营养功效**

此汤营养丰富，富含碘、蛋白质、铁等，新妈妈食用可滋补身体，促进伤口愈合。

## 洋葱炒猪肝 晚餐

**原料** 猪肝200克，洋葱100克。

**调料** 醋、酱油、水淀粉、料酒、葱末、香油、盐、白糖各适量。

**做法**

1. 将猪肝收拾干净，切成柳叶片，用水淀粉浆一下；洋葱洗净，切片。
2. 油锅烧热，猪肝下锅滑熟后捞出；锅留底油，下洋葱、葱末煸炒，加料酒、酱油、盐、白糖，倒入猪肝，淋醋和香油即可。

**营养功效**

这道菜富含铁、膳食纤维，有助产后新妈妈活血化瘀、补血强身、预防便秘。

芦笋炒瘦肉

### 剖宫产妈妈一日食谱

**早餐** 萝卜丝饼2个 + 枸杞红枣粥1碗 + 肉末炒菠菜1份

**中餐** 黑糯米油菜饭1碗 + 芦笋炒瘦肉1份 + 山药牛蒡萝卜汤1份

**15点加餐** 红枣木耳汤1份 + 糯米莲藕1份

**晚餐** 杂豆米饭1碗 + 口蘑腰片1份 + 醋熘土豆丝1份

**20点加餐** 益母草茶1碗 + 全麦面包2片

## 芦笋炒瘦肉

**原料** 芦笋100克,猪瘦肉80克,胡萝卜20克。

**调料** 姜丝、水淀粉、盐、白糖各适量。

**做法**

1. 芦笋洗净,切段;猪瘦肉洗净,切丝;胡萝卜洗净,去皮,切条,用开水焯烫一下。
2. 油锅烧热,放入瘦肉丝、姜丝煸炒至肉色发白,放入芦笋段、胡萝卜条,加盐、白糖,用水淀粉勾芡即可。

**营养功效**

芦笋富含膳食纤维、维生素C,搭配瘦肉、胡萝卜,有助剖宫产妈妈补充气血、恢复体力。

## 口蘑腰片

**原料** 猪腰、茭白各100克,口蘑50克。

**调料** 葱花、姜片、料酒、盐、淀粉、香油各适量。

**做法**

1. 猪腰对剖,去腰臊,切花刀,洗净,沥干水分后加料酒、盐和淀粉,拌匀待用;茭白、口蘑洗净,切片。
2. 油锅烧至五成热时爆香姜片,放入猪腰花滑炒,再放入茭白片和口蘑片翻炒,加入料酒和盐,起锅前淋上香油、撒上葱花即可。

**营养功效**

此菜美味营养,有利于产后补血,还可预防便秘。

## 产后第7天

翡翠豆腐羹

### 顺产妈妈一日食谱

**早餐** 红薯饼1块 + 香蕉1根 + 翡翠豆腐羹1份

**中餐** 糙米八宝饭1碗 + 荠菜炒羊肝1份 + 莲藕排骨汤1份

**15点加餐** 枣泥奶饮1杯 + 黄金土豆饼1块

**晚餐** 排骨面1碗 + 芽姜鸡片1份 + 茼蒿腰花汤1份

**20点加餐** 苋菜牛肉羹1份

## 翡翠豆腐羹 早餐

**原料** 豆腐200克,小白菜50克。

**调料** 葱末、水淀粉、盐各适量。

**做法**

1. 小白菜洗净,剁碎;豆腐洗净,切小丁,焯一下。
2. 葱末入油锅爆香,倒入小白菜末、豆腐丁略炒,加水烧开,调入盐,用水淀粉勾芡即可。

**营养功效**

此品清淡可口,能够为新妈妈补充蛋白质、维生素C、钙等营养成分。

## 糙米八宝饭 中餐

**原料** 糙米、燕麦、黑糯米、长糯米、大米各30克,黄豆、莲子、薏米、红豆各20克。

**做法**

1. 把燕麦、黑糯米、长糯米、糙米、大米、黄豆、莲子、薏米、红豆洗净,浸泡2小时。
2. 将所有原料放入电饭锅中,搅拌均匀后加适量水,煮熟即可。

**营养功效**

此饭可为产后新妈妈补充多种维生素、膳食纤维、蛋白质等营养素,具有健脾强体、补虚补血的作用。

### 剖宫产妈妈一日食谱

**早餐** 鲜肉小馄饨1碗 + 南瓜饼2块 + 什锦蔬菜1份

**中餐** 米饭1碗 + 蟹肉粉丝煲1份 + 香芹炒猪肝1份

**15点加餐** 酸奶水果银耳羹1份 + 花生8颗

**晚餐** 荞麦面疙瘩汤1碗 + 蔬菜豆皮卷1份 + 芽姜鸡片1份

**20点加餐** 清炖牛尾汤1份

## 香芹炒猪肝

**原料** 猪肝100克,香芹150克。

**调料** 酱油、白糖、盐、料酒、醋、淀粉各适量。

**做法**

1. 猪肝去筋膜,洗净,切成薄片,用淀粉、料酒和盐腌渍一下;芹菜洗净,切成段。
2. 油锅烧热,投入猪肝炒至变色,盛出。
3. 锅留底油,投入芹菜煸炒,调入酱油、白糖、盐,倒入猪肝翻炒几下,淋少许醋即可。

**营养功效**

香芹富含膳食纤维和维生素C,猪肝富含铁、维生素A。此菜是新妈妈极佳的补血食谱,还能开胃助食。

## 荞麦面疙瘩汤

**原料** 荞麦面100克,胡萝卜半根,牛蒡、南瓜各适量。

**调料** 高汤、葱段、料酒、酱油、盐各适量。

**做法**

1. 胡萝卜洗净,去皮,切丁;南瓜洗净,去皮、瓤,切丁;牛蒡洗净,切片。
2. 将胡萝卜丁、南瓜丁、牛蒡片、葱段加入高汤中一起煮,至八成熟时加入料酒、盐和酱油调味。
3. 荞麦面放入大碗中,加适量水,用筷子搅成小面疙瘩,倒入汤中煮熟。

**营养功效**

此品营养丰富,可健胃、助消化、润肠通便,预防新妈妈产后便秘。

# 产后第二周：催生乳汁

产后第二周，妈妈的伤口基本愈合，身体逐渐恢复，胃口也明显好转。这时，妈妈可以多吃催乳的食物，促进乳汁分泌；多补充维生素，以利于减轻便秘症状。

## 新妈妈的身体变化

产后第二周新妈妈的身体变化主要表现在以下方面。

| | |
|---|---|
| 恶露 | 新妈妈的恶露量会逐渐减少，颜色也由鲜红色逐渐变为浅红色直至咖啡色。如果本周新妈妈排出来的恶露仍然是血性，并且量很多，伴随恶臭味，请及时告诉医生 |
| 子宫 | 新妈妈的子宫位置还在继续下降，并逐渐下降回盆腔中。子宫本身也在变小，上周还是拳头大，这周已经变成棒球大小了 |
| 伤口 | 如有侧切，侧切的伤口在这一周还会隐隐作痛，新妈妈下床走动时、移动身体时都会有撕裂的感觉，但是疼痛感没有第一周那么强烈，可以承受 |
| 体重 | 随着恶露的排出以及排尿增多、出汗和母乳分泌等因素，新妈妈的体重在这一周依然会有一定的下降，具体下降多少因人而异 |

## 催乳需考虑新妈妈的身体状况

如果新妈妈身体健壮，营养供给好，初乳分泌量较多，可适当推迟喝催乳汤的时间，喝的量也可相对减少，以免乳房过度充盈而不适。如果新妈妈各方面情况都比较差，就早些喝，喝的量也多些。但也要根据新妈妈的耐受力而定，以免增加新妈妈胃肠的负担而出现消化不良。

新妈妈若为顺产，产后第一天一般比较疲劳，不要急于喝催乳汤，待身体稍微恢复后再喝；若为人工助产，新妈妈进食催乳汤的时间可适当提前。

## 催乳重量也重质

催奶不应该只考虑量，质也非常重要。传统认为哺乳妈妈应该多吃蛋白质含量高的汤。而最近研究发现，被大家认为最有营养、煲了足足8小时才成的骨头汤，汤里的营养仅仅是汤料的20%左右！所以科学的观点是汤汁要吃，主料更不能舍弃。

## 催乳应循序渐进

中医认为，喝催乳汤不能操之过急，要根据新妈妈体质辨证，循序渐进，制定个性化的"月子催乳汤"和药膳方案。

### 产后第一周

宝宝刚出生，胃容量小，乳汁吃不多，暂时不宜过于催奶。而且新妈妈胃肠功能尚未恢复，乳腺才开始分泌乳汁，乳腺管还不够通畅，不宜食用大量油腻的催乳食品。

### 产后第二周

经过第一周的调养，这个时候身体已经恢复得差不多了，而紧接着面临的问题就是哺乳问题。乳汁分泌受到饮食的影响，所以产后第二周要多吃催乳食品。食补催乳不仅安全有效，而且这些食物在催乳的同时还能兼顾美容的功效，所以可以多吃催乳的食物。

## 食量不宜过大

绝对不可以暴饮暴食，要适当控制食量。产后饮食过量只会导致新妈妈产后肥胖，不利于身材的恢复。如果新妈妈采取母乳喂养，奶水很多，食量可以比孕期稍增，最多增加1/5的量；如果新妈妈的奶量正好够宝宝吃，与孕期等量即可；如果没有奶水或是不准备进行母乳喂养，食量和非孕期差不多就行了。

**产后第8天**

猪心莲子汤

### 哺乳妈妈一日食谱

**早餐** 豆腐馅饼2块 + 黑米粥1碗 + 西芹腐竹1份

**中餐** 杂豆饭1碗 + 土豆焖牛肉1份 + 鲜蘑炒豌豆1份 + 猪心莲子汤1份

**15点加餐** 枸杞红枣粥1碗 + 香芋酥2块

**晚餐** 番茄鸡蛋卤面1碗 + 奶汁鲫鱼汤1份 + 桃仁莴笋1份

**20点加餐** 酸奶1杯 + 鲤鱼汁粥1碗

## 猪心莲子汤

**原料** 猪心200克，莲子50克，柏子仁30克。

**调料** 姜片、盐、料酒各适量。

**做法**

1. 将猪心洗净，切成片；莲子、柏子仁洗净，和猪心一起放入锅内，加入姜片、料酒和适量清水，用大火烧沸。
2. 撇去汤中浮沫，改用小火炖至莲子酥烂，加入盐，再煮沸即可。

**营养功效**

此汤具有养心安神、补气补血的功效，适用于产后新妈妈心气虚弱、心神不宁。

## 奶汁鲫鱼汤

**原料** 鲫鱼2尾，冬瓜80克。

**调料** 葱花、姜末、盐各适量。

**做法**

1. 鲫鱼去鳞、鳃、内脏，冲洗干净，沥干水分；冬瓜洗净，去皮、子，切小片。
2. 鲫鱼入油锅略煎，加适量水烧开，加姜末，改小火慢炖，至汤汁颜色呈奶白色时下入冬瓜，加盐调味，撒入葱花即可。

**营养功效**

鲫鱼可通乳下乳，此汤是常见的催乳饮食。

桑葚枸杞猪肝粥

### 非哺乳妈妈一日食谱

**早餐** 桑葚枸杞猪肝粥1碗 + 红枣糕2块 + 煮鸡蛋1个

**中餐** 米饭1碗 + 彩椒墨鱼丝1份 + 茶树菇排骨汤1份

**15点加餐** 香橙核桃卷1个 + 牛奶1杯

**晚餐** 马蹄糕2块 + 木耳炒芹菜1份 + 香菇当归肉片汤1份

**20点加餐** 燕麦饼干2块 + 小米粥1碗

## 桑葚枸杞猪肝粥 早餐

**原料** 大米、猪肝各100克，桑葚30克，枸杞子10克。

**调料** 盐适量。

**做法**

1. 大米、桑葚洗净；枸杞子洗净，温水泡软；猪肝收拾干净，洗净，切成薄片。
2. 把大米放入锅内，加入适量清水，大火烧沸，打去浮沫，再加入桑葚、枸杞子和猪肝片，改用小火熬煮至大米熟烂，下入盐拌匀，再稍焖片刻即可。

**营养功效**

猪肝、枸杞子都有补肝明目、养血的功效；桑葚可补血。本品具有养血生津、护肝润肠的功效。

## 彩椒墨鱼丝 中餐

**原料** 净墨鱼肉250克，胡萝卜30克，彩椒50克。

**调料** 料酒、姜汁、葱末、盐各适量。

**做法**

1. 墨鱼肉洗净，切成丝，入开水中焯一下；胡萝卜洗净，去皮，切丝；彩椒洗净，切条。
2. 油锅烧热，下墨鱼丝稍煸，下葱末，再下胡萝卜、彩椒，烹料酒、姜汁，加盐颠翻出锅。

**营养功效**

这道菜有益血补肾、健胃理气的功效，可养血、明目、通经、止血。

## 产后第9天

土豆炖鸡

### 哺乳妈妈一日食谱

**早餐** 灵芝核桃粥1碗 + 燕麦小面包2个 + 苹果1个

**中餐** 枸杞红枣糕2块 + 土豆炖鸡1份 + 丝瓜猪蹄汤1份 + 蒜蓉豆苗1份

**15点加餐** 木瓜蜂蜜茶1杯 + 马蹄糕1块

**晚餐** 米饭1碗 + 豆瓣鲤鱼1份 + 丝瓜烩菇片1份

**20点加餐** 云吞面1碗

## 土豆炖鸡  中餐

**原料** 土鸡1只,土豆300克。

**调料** 葱段、姜片、八角、花椒、红糖、酱油、盐各适量。

**做法**

1. 土鸡收拾干净,切成小块;土豆洗净,去皮,切方块。
2. 油锅烧热,放入花椒、八角、姜片,爆香后放入鸡块,翻炒均匀;加入土豆、盐、酱油、红糖,炒至鸡块变色后放入葱段和清水适量,大火煮开,再用小火炖1小时左右即可。

**营养功效**

此品具有温中益气、补虚损的作用。

## 丝瓜烩菇片  晚餐

**原料** 白玉菇150克,丝瓜200克。

**调料** 姜片、盐各适量。

**做法**

1. 丝瓜洗净,去皮,切滚刀块;白玉菇洗净,去根,分成小朵,过水焯熟。
2. 油锅烧热,爆香姜片,倒入丝瓜中火翻炒,加入白玉菇翻炒均匀,倒没过丝瓜的水,煮至汁水黏稠,加盐调味即可。

**营养功效**

此品营养丰富、补中益气、清热除烦,对无食欲的新妈妈有很好的补益作用。

## 非哺乳妈妈一日食谱

**早餐** 黄米红枣切糕1块 + 南瓜粥1碗 + 木耳拌青笋1份

**中餐** 米饭1碗 + 香芋焖鸭1份 + 香菇炒西蓝花1份

**15点加餐** 枸杞子核桃豆浆1杯 + 香蕉1根 + 大杏仁20克

**晚餐** 清香玉米粽1个 + 薏仁马蹄猪肉汤1份 + 清蒸鲈鱼1份

**20点加餐** 银耳小米粥1碗

## 黄米红枣切糕

**原料** 黄米面500克,红枣200克。

**调料** 白糖适量。

**做法**

1. 红枣洗净,放入水锅内,大火煮至四成熟时捞出,倒入沸水锅中。
2. 黄米面加适量水和成面糊,用勺把面糊细细地溜入装有红枣的水锅内,并用锅铲不停地搅动成稠糯糊状,煮熟后倒入瓷盘内凉凉成糕,然后翻扣在案板上,用刀沾水,切成块,装盘,吃时蘸白糖即可。

**营养功效**

此糕含有丰富的钙、磷、铁及维生素,能为新妈妈强身、补血。

## 清蒸鲈鱼

**原料** 鲈鱼1条。

**调料** 姜丝、葱丝、酱油、盐各适量。

**做法**

1. 鲈鱼收拾干净,沥干水分,用盐腌渍一会儿。
2. 将鲈鱼装入盘中,入蒸锅,上汽后蒸10分钟关火,往鱼身浇点酱油,撒上葱丝、姜丝。
3. 油锅烧热,待冒烟时将热油浇在鲈鱼身上即可。

**营养功效**

此品是新妈妈健身补血、健脾益气的佳品。

## 产后第 10 天

黄豆木瓜猪蹄汤

### 哺乳妈妈一日食谱

**早餐** 黑米果仁粥1碗 + 橙汁糕2块 + 蒜泥苋菜1份

**中餐** 冬菇鸡肉饺10个 + 鲫鱼枸杞汤1份 + 南瓜蒸肉1份 + 胡萝卜炒蘑菇1份

**15点加餐** 香蕉蜜桃鲜奶1杯 + 蒜香法式面包1块

**晚餐** 米饭1碗 + 黄豆木瓜猪蹄汤1份 + 香菇油菜1份

**20点加餐** 酸奶水果银耳羹1碗

## 黑米果仁粥 早餐

**原料** 黑米100克,红枣、桂圆、花生米各20克。

**调料** 红糖适量。

**做法**

1. 黑米洗净,浸泡3小时;红枣洗净,去核;桂圆、花生米洗净。
2. 将所有原料放入锅内,加入适量清水,将粥煮至浓稠,加入红糖调匀即可。

**营养功效**

此品对产后的新妈妈有很好的补益作用,可补充体力、健脑、补血。

## 黄豆木瓜猪蹄汤 晚餐

**原料** 黄豆200克,干木瓜15克,猪蹄2只。

**调料** 葱段、姜片、盐、料酒各适量。

**做法**

1. 黄豆洗净,浸泡3小时;干木瓜洗净,切片后入锅,水煎取汁;猪蹄洗净,切块。
2. 将猪蹄与黄豆一起放入木瓜汁中,加入适量清水,大火烧开后,加入葱段、姜片、盐、料酒,改用小火煨炖至猪蹄皮烂筋酥即可。

**营养功效**

此品是一道经典的催乳汤,可通乳。

## 非哺乳妈妈一日食谱

**早餐** 葡萄香草蛋糕1块 + 银耳莲子糯米羹1碗 + 圣女果5颗

**中餐** 杂粮饭1碗 + 板栗烧鸡1份 + 芥末甘蓝丝1份

**15点加餐** 牛肉虾球羹1碗 + 芒果半个

**晚餐** 牛奶鸡丝汤面1碗 + 花生炖牛肉1份 + 木耳炒黄花菜1份

**20点加餐** 鲜菇汤1碗 + 香蕉1根

## 板栗烧鸡

**原料** 鸡大腿2只，板栗100克。

**调料** 豆瓣、姜块、葱段、白糖、花椒、料酒、酱油、盐、八角各适量。

### 做法

1. 鸡大腿洗净，斩块；板栗去壳，洗净。
2. 油锅烧热，下入鸡块爆炒，待鸡肉变色时，加入料酒、姜块、豆瓣、花椒，炒至水分渐干溢出香味时，倒入适量清水，放入盐、酱油、白糖和八角。
3. 加盖焖烧至七成熟时，再加入板栗煮15分钟左右，起锅时加入葱段即可。

### 营养功效

板栗与鸡同食既补肾气，还能活血止血，对肾虚尿频、腰脚无力的新妈妈大有裨益。

## 木耳炒黄花菜

**原料** 干木耳20克，干黄花菜50克。

**调料** 葱花、水淀粉、盐各适量。

### 做法

1. 干木耳用温水泡发，去蒂，洗净，撕成小朵；干黄花菜用冷水泡发，择洗干净。
2. 锅内加入油烧热，加入葱花爆香，放入木耳、黄花菜煸炒均匀。
3. 加入少许水，烧至黄花菜熟后加入盐，用水淀粉勾芡即可。

### 营养功效

这道菜可以补气强身、解郁安神，还可以促进体内毒素的排出。

## 产后第 11 天

红薯小窝头

### 哺乳妈妈一日食谱

**早餐** 红薯小窝头3个 + 凉拌小黄瓜1份 + 煮鸡蛋1个

**中餐** 番茄鸡蛋卤面1碗 + 栗子香菇焖鸽1份 + 肉丝拌茭白1份

**15点加餐** 牛肉花卷1个 + 酸奶1杯

**晚餐** 胶东大虾面1碗 + 香菇油菜1份 + 清蒸鲈鱼1份

**20点加餐** 花生奶露1杯 + 苹果1个

## 红薯小窝头

**原料** 红薯400克，胡萝卜200克，玉米面100克。

**调料** 白糖适量。

**做法**

1. 用热水和玉米面，烫出玉米面的黏性；将红薯、胡萝卜洗净，去皮，蒸熟后碾成泥，加入和好的玉米面、白糖拌匀，揉成面团，分小剂，揉成小窝头。
2. 小窝头入蒸锅，大火蒸约10分钟后取出装盘即可。

**营养功效**

红薯小窝头可以为新妈妈补充热量，还具有补中益气、预防产后便秘的作用。

## 番茄鸡蛋卤面

**原料** 面条150克，番茄100克，鸡蛋2个。

**调料** 姜丝、鲜汤、盐各适量。

**做法**

1. 鸡蛋打散，入油锅炒熟盛出；番茄洗净，去皮，切片。
2. 油锅烧热，爆香姜丝，倒入番茄，放入鲜汤和鸡蛋，加盐，稍煮成卤。
3. 将面条煮熟捞出，加入番茄鸡蛋卤拌匀即可。

**营养功效**

此品具有开胃、促进消化、增强食欲的作用，能增强新妈妈体质。

## 栗子香菇焖鸽

**原料** 乳鸽1只，栗子150克，干香菇5~6朵，红甜椒1个。

**调料** 姜片、葱段、黄豆酱、姜汁、料酒、白糖、生抽、盐、香油、胡椒粉各适量。

**做法**

1. 乳鸽收拾干净，用料酒、姜汁、白糖、生抽、盐、胡椒粉搓匀鸽身内外，腌约15分钟。
2. 栗子去壳去皮，洗净，用开水煮至七成熟；香菇浸软，去蒂，洗净；红甜椒洗净，切片。
3. 油锅烧热，下乳鸽略煎，放入葱段、姜片、黄豆酱、料酒、生抽，煮开，加入香菇、栗子、红甜椒，用小火焖约20分钟至乳鸽熟，汁料收干至浓，加盐、香油调味即可。

**营养功效**

这道菜味道鲜美、浓香，营养丰富，是产后新妈妈催乳、滋补强身的佳品。

## 香菇油菜

**原料** 油菜心200克，鲜香菇150克。

**调料** 姜末、蚝油、酱油、水淀粉、盐各适量。

**做法**

1. 油菜心择洗干净，用加了盐的沸水整棵焯烫，过凉，捞出，沥干水分，整齐地码在盘边；鲜香菇去蒂，洗净，在顶端打十字花刀，焯水，过凉，捞出，沥干水分。
2. 油锅烧热，炒香姜末，放入香菇翻炒均匀，加蚝油、酱油调味，淋入适量清水烧开，用水淀粉勾芡，装入码放油菜的盘中即可。

**营养功效**

这道菜新妈妈常吃可以增强免疫力，还可以预防产后便秘。

### 非哺乳妈妈一日食谱

**早餐** 鸡丝汤面1碗 + 芝麻饼1个 + 香蕉1根

**中餐** 紫菜鳗鱼卷4个 + 栗子炖羊肉1份 + 芙蓉鲫鱼1份 + 白菜炒木耳1份

**15点加餐** 木瓜银耳羹1碗 + 玉米面发糕1块

**晚餐** 米饭1碗 + 田园小炒1份 + 腐竹蛤蜊汤1份

**20点加餐** 蜜枣牛奶饮1杯

## 鸡丝汤面 <sub>早餐</sub>

**原料** 熟鸡肉100克，面条150克。

**调料** 葱花、姜末、香菜段、鲜汤、生抽、香油、盐各适量。

**做法**

1. 熟鸡肉用手撕成细丝；面条煮熟，盛入碗内。
2. 油锅烧至七成热，下葱花、姜末炝锅，倒入鲜汤烧开，加生抽、盐调好味，倒入面条碗内，放入鸡丝、香菜段、香油即可。

**营养功效**

此品为产后新妈妈滋补佳品，汤鲜味美，可提供优质蛋白质和碳水化合物。

## 紫菜鳗鱼卷 <sub>中餐</sub>

**原料** 鳗鱼肉100克，紫菜1张，鸡蛋1个，鸡蛋清1个。

**调料** 小葱、姜末、料酒、盐、淀粉、香油各适量。

**做法**

1. 鳗鱼肉洗净，去皮后剁成泥，加姜末、料酒、盐、鸡蛋清、淀粉、香油，搅拌成鱼泥。
2. 鸡蛋打入碗内，加淀粉、盐，用筷子调匀后摊成蛋皮。
3. 摊开紫菜，覆上蛋皮，再抹上一层鱼泥，放入一根小葱，顺次卷拢，放入蒸笼大火蒸10分钟，冷却后切成斜段。

**营养功效**

此品具有补气养血、祛风湿的功效，还可以提供丰富的碘、蛋白质。

## 栗子炖羊肉  中餐

**原料** 羊里脊肉100克，栗子50克，枸杞子少许。

**调料** 姜片、料酒、盐各适量。

**做法**

1. 羊里脊肉洗净，切块；栗子去壳去皮，洗净。
2. 将锅置于火上，加入适量清水，放入羊肉块、姜片，大火煮开后改用小火炖至半熟；加入栗子、枸杞子，继续用小火炖20分钟，加入料酒、盐拌匀即可。

**营养功效**

这道菜可帮助新妈妈补肾健脾、提高抗病能力、缓解疲劳、预防产后抑郁。

## 田园小炒  晚餐

**原料** 西芹100克，鲜草菇100克，胡萝卜50克，圣女果5颗。

**调料** 料酒、盐各适量。

**做法**

1. 西芹择洗干净，切段，焯烫后捞出沥干水；鲜草菇、圣女果分别洗净，切块；胡萝卜洗净，去皮，切斜片。
2. 锅内加入油烧热，依次放入西芹、胡萝卜、草菇，翻炒均匀。
3. 烹入料酒，加入盐，大火爆炒2分钟左右，加入圣女果，翻炒均匀即可。

**营养功效**

这道菜色泽鲜艳，口味鲜香，营养丰富，可以帮助新妈妈补充产后所需的多种维生素。

PART 3
坐月子饮食专家方案

## 产后第12天

乌鱼丝瓜汤

### 哺乳妈妈一日食谱

**早餐** 糯米阿胶粥1碗 + 凉拌芥蓝1份 + 三鲜包子1个

**中餐** 米饭1碗 + 乌鱼丝瓜汤1份 + 香油鸡1份 + 炝拌三彩腐竹1份

**15点加餐** 黑芝麻茶1杯 + 小面包1个 + 草莓5颗

**晚餐** 阳春面1碗 + 甘蓝蒸虾1份 + 茯苓豆腐1份

**20点加餐** 芝麻燕麦粥1碗 + 酥梨1个

## 糯米阿胶粥  早餐

**原料** 阿胶15克,糯米150克。

**做法**

1. 糯米洗净;阿胶捣碎。
2. 将糯米入锅,加适量清水,煮至粥成时,下入阿胶碎完全煮化即可。

**营养功效**

阿胶是滋阴补血的良品,尤其适宜用于女性产后进补,四季皆宜。

## 乌鱼丝瓜汤  中餐

**原料** 乌鱼1条,丝瓜300克。

**调料** 姜片、盐、香油、料酒各适量。

**做法**

1. 乌鱼宰杀洗净,剁成块;丝瓜洗净,去皮,切滚刀块。
2. 油锅烧热,放乌鱼块煎至微黄,注入清水适量,放入姜片、盐、料酒,用大火煮沸,转小火慢炖至鱼七成熟,加丝瓜块煮约1分钟,加香油调味即可。

**营养功效**

乌鱼补气养血、生乳通乳,丝瓜通经下乳、活血化瘀,这道汤是哺乳妈妈催乳的佳品。

## 香油鸡 中餐

**原料** 三黄鸡1只。

**调料** 姜片、香油、米酒、冰糖、盐各适量。

**做法**

1. 三黄鸡宰杀洗净,切块,入冷水中煮开,捞出冲净。
2. 锅中倒入香油,煸香姜片,加入鸡块,大火翻炒。
3. 加少许冰糖,倒入米酒,烧开后换到砂锅中,小火再炖40~60分钟,至肉烂汁浓,加盐调味即可。

**营养功效**

香油鸡滋阴补血、温中益气、活血脉、强筋骨,适合产后新妈妈滋补食用。

## 甘蓝蒸虾 晚餐

**原料** 圆白菜300克,鲜虾100克。

**调料** 料酒、盐各适量。

**做法**

1. 鲜虾洗净,如常法处理干净;圆白菜洗净,撕成小块。
2. 将鲜虾放入大碗中,加入适量清水,放入盐、料酒调味,再铺上圆白菜,入锅蒸15分钟即可。

**营养功效**

鲜虾肉质细嫩,营养丰富,易消化,还有较强的通乳作用,适合哺乳妈妈食用。

### 非哺乳妈妈一日食谱

**早餐** 土豆鸡蛋饼1块 + 绿豆小米粥1碗 + 生菜沙拉1份

**中餐** 米饭1碗 + 鸡丝苋菜1份 + 白萝卜炒猪肝1份 + 紫菜蛋花汤1份

**15点加餐** 香瓜1块 + 马蹄糕1块

**晚餐** 番茄菠菜面1碗 + 猴头菇炖鸡翅1份 + 家常豆腐1份

**20点加餐** 党参鸡肉粥1碗

## 绿豆小米粥

**原料** 小米100克，绿豆40克。

**做法**

1. 小米淘净；绿豆洗净，浸泡2小时。
2. 将绿豆放入锅内，加入适量清水，煮至豆粒八成熟时，再放入小米，续煮20分钟即可。

**营养功效**

此粥能够安神和胃、补虚益气、止渴利尿、清热消暑，非常适合新妈妈在夏季食用。

## 鸡丝苋菜

**原料** 苋菜、鸡胸肉各100克，竹笋、黄豆芽各30克，红甜椒1个。

**调料** 葱末、姜末、蒜末、盐各适量。

**做法**

1. 苋菜洗净，切段，焯水备用；竹笋去皮，洗净，切丝，焯水备用；黄豆芽洗净，焯水备用；鸡胸肉切丝；红甜椒洗净，切丝。
2. 葱末、姜末、蒜末放入油锅煸香，下鸡胸肉滑熟，放入苋菜、竹笋、黄豆芽、红甜椒翻炒，放盐调味即可。

**营养功效**

这道菜可帮助新妈妈活血化瘀、润肠通便。

## 白萝卜炒猪肝  中餐

**原料** 猪肝、白萝卜各250克，彩椒1个。
**调料** 葱花、盐各适量。

**做法**

1. 猪肝收拾干净，切成薄片；白萝卜洗净，去皮，切成薄片；彩椒洗净，切条状。
2. 油锅烧热，下猪肝快速翻炒至色变白，倒入白萝卜、彩椒同炒至熟，最后加入葱花、盐调味即可。

**营养功效**

猪肝养肝益血，白萝卜益气。这道菜适合产后气血虚弱的新妈妈，可预防缺铁性贫血。

## 猴头菇炖鸡翅 晚餐

**原料** 猴头菇30克，鸡翅200克。
**调料** 葱花、八角、酱油、盐各适量。

**做法**

1. 猴头菇用清水泡发，洗净泥沙，用手撕开，挤净水；鸡翅洗净，用沸水焯烫去血水。
2. 油锅烧热，炒香葱花、八角，放入猴头菇和鸡翅翻炒均匀，加少许酱油和适量清水。
3. 大火烧开后转小火炖至鸡翅烂熟，加盐调味即可。

**营养功效**

猴头菇补虚、健胃、益肾精，与鸡翅同食，有助产后新妈妈增强食欲、补充体力。

## 产后第13天

淡菜猪蹄汤

### 哺乳妈妈一日食谱

**早餐** 花生红枣粥1碗 + 豆面糕1块 + 香椿煎鸡蛋1份

**中餐** 米饭1碗 + 淡菜猪蹄汤1份 + 豆豉蒸排骨1份 + 干煸冬笋1份

**15点加餐** 果仁蒸糕1块 + 豆浆1杯

**晚餐** 白蘑肉丝面1碗 + 丝瓜海鲜汤1份 + 木樨肉1份

**20点加餐** 冬瓜乌鸡汤1份

## 淡菜猪蹄汤 中餐

**原料** 淡菜70克,猪蹄2只。
**调料** 葱段、姜片、料酒、盐各适量。
**做法**
1. 淡菜用温水泡软,洗净;猪蹄收拾干净,剁成块。
2. 砂锅中放入猪蹄,加入葱段、姜片、料酒和适量清水,大火烧沸后转小火焖至七成熟,放入淡菜,用小火焖烂,加盐调味即可。

**营养功效**
淡菜有补肝肾、益精血、调经活血的功效,和猪蹄同炖,可以很好地发挥催乳作用。

## 冬瓜乌鸡汤 加餐

**原料** 冬瓜200克,乌鸡1只,猪瘦肉50克。
**调料** 姜片、盐各适量。
**做法**
1. 冬瓜洗净,去皮、子,切块;猪瘦肉洗净,切块;乌鸡收拾干净,切块,放入沸水中焯去血水。
2. 将乌鸡、猪瘦肉、姜片放入锅中,加入适量清水,大火煮开,撇去浮沫,转中火煮90分钟,放入冬瓜,用小火慢炖30分钟,最后放盐调味即可。

**营养功效**
此汤滋阴清热,营养丰富,是十分平和的滋补汤水,非常适合新妈妈食用。

茉莉花鸡片汤

### 非哺乳妈妈一日食谱

- **早餐** 红豆包1个 + 鱼香蛋羹1份 + 炝拌海带丝1份
- **中餐** 米饭1碗 + 荸荠虾仁1份 + 茉莉花鸡片汤1份 + 猪肝炒菠菜1份
- **15点加餐** 桂圆糯米粥1份 + 红心柚子1块
- **晚餐** 山药凉糕1块 + 虾仁炒油菜1份 + 草菇鱼头汤1份
- **20点加餐** 鱼圆莼菜汤1份

## 茉莉花鸡片汤  中餐

**原料** 鸡肉150克，茉莉花20朵。
**调料** 葱花、姜末、鸡清汤、盐、料酒、胡椒粉、淀粉各适量。
**做法**
1. 鸡肉洗净，切片，用盐、料酒、葱花、姜末调拌均匀，放入淀粉内裹匀，再放在菜板上用擀面杖敲成薄片，然后焯一下，捞出后用凉水浸泡。
2. 将鸡清汤烧沸，放入料酒、盐、胡椒粉调好味，放入鸡片，烫熟后捞出，盛入装有茉莉花的碗内即可。

**营养功效**
这款汤具有疏肝理气、补虚强身的功效，可以辅助治疗产后抑郁。

## 虾仁炒油菜  晚餐

**原料** 虾仁80克，油菜250克。
**调料** 葱末、姜末、盐各适量。
**做法**
1. 油菜去心，洗净，放入沸水里焯一下；虾仁用温水浸泡15分钟。
2. 热锅下油，放入葱末、姜末炝锅，下入虾仁翻炒片刻，倒入油菜继续翻炒，加盐调味，翻炒匀即可。

**营养功效**
此品有补虚养身、壮腰健肾、通利肠胃的调理功效，非常适合有习惯性便秘的新妈妈食用。

# 产后第 14 天

木瓜排骨汤

## 哺乳妈妈一日食谱

**早餐** 鲜肉馄饨1碗 + 莲蓉糖包1个 + 煮鸡蛋1个 + 圣女果3颗

**中餐** 米饭1碗 + 香油虾1份 + 木瓜排骨汤1份 + 绿豆芽拌鸡丝1份

**15点加餐** 哈密瓜盅1份 + 枣糕1块

**晚餐** 香油米线1碗 + 红枣泥鳅汤1份 + 笋尖焖豆腐1份

**20点加餐** 花生鸡爪汤1碗

## 木瓜排骨汤

**原料** 猪排骨500克,木瓜半个。

**调料** 葱段、姜丝、醋、盐各适量。

**做法**

1. 木瓜削皮,洗净,去子,切大块;排骨洗净,切大块,焯去血水。
2. 砂锅中放适量清水,放入排骨、葱段、姜丝、醋,大火煮开,转小火继续煲约1.5小时;放入木瓜块,续煲约30分钟,加盐调味即可。

**营养功效**

此汤对产后新妈妈催乳有很好的功效,还能润肤养颜。

## 笋尖焖豆腐

**原料** 干口蘑1朵,干笋尖、海米各10克,豆腐200克。

**调料** 葱花、姜末、酱油各适量。

**做法**

1. 将干口蘑、干笋尖、海米用温水泡开,均切成小丁(泡口蘑的水留用);豆腐洗净,切块。
2. 油锅烧热,煸香葱花、姜末,放入豆腐快速翻炒,加入笋丁、口蘑丁、海米、泡口蘑的水、酱油,用大火快炒,炒透即可。

**营养功效**

此品利膈爽胃、低热量,有助于新妈妈瘦身。

### 非哺乳妈妈一日食谱

**早餐** 小米鳝鱼粥1碗 + 全麦吐司2片 + 荠菜炒冬笋1份

**中餐** 米饭1碗 + 南瓜炒肉丝1份 + 花生拌菠菜1份 + 猴头菇清炖排骨1份

**15点加餐** 牛奶玉米汁1杯 + 米酒蒸鸡蛋1碗

**晚餐** 核桃阿胶红枣粥2碗 + 木耳炒鸡蛋1份 + 香炒鱿鱼圈1份

**20点加餐** 莲子猪肚汤1碗

## 花生拌菠菜

**原料** 菠菜200克，熟花生米50克，熟芝麻20克。

**调料** 香油、醋、白糖、盐各适量。

**做法**

1. 菠菜洗净，放入开水中焯烫，捞出沥水，切段。
2. 将菠菜与盐、白糖、醋、香油拌匀，装盘，撒入熟花生米、熟芝麻即可。

**营养功效**

花生、菠菜是补血佳品，二者同食，可预防产后贫血，还能润肠通便、排毒润肤。

## 木耳炒鸡蛋

**原料** 红甜椒半个，鸡蛋2个，水发木耳50克。

**调料** 葱花、盐各适量。

**做法**

1. 木耳去蒂，洗净，撕朵；红甜椒洗净，去蒂除子，切丝；鸡蛋磕入碗中，打散。
2. 油锅烧热，淋入蛋液炒熟，盛出。
3. 锅中留底油烧热，炒香葱花，放入木耳翻炒均匀，淋入少许清水烧3~5分钟，倒入红甜椒和炒好的鸡蛋，加盐调味即可。

**营养功效**

此品可养心安神、滋阴润燥、活血化瘀，是新妈妈的调理佳品。

# 产后第三周：理气补血

坐月子进入第三周后，恶露基本排净，重点要放在补气补血、预防老化上。千万别在这时候松懈下来，平时多选择具有补血补气的食物和中草药，如动物血、花生、鱼类、黄芪、阿胶等。还要注意饮食清淡，少用调味料。

## 新妈妈的身体变化

| | |
|---|---|
| 恶露 | 黄色的恶露逐渐变成白色，几乎消失。如果这时恶露量增加、颜色恢复红色，应当去医院接受检查。阴道和会阴在一定程度上消肿，分娩时的伤口基本痊愈 |
| 子宫 | 子宫继续收缩，用手在耻骨联合上方处已经摸不到。宫颈口还没有完全闭合，需要注意阴部卫生 |
| 阴道 | 分娩后有些新妈妈会出现小便失禁和阴道松弛现象，如果在产后早期坚持做产褥体操与凯格尔运动，锻炼会阴部的肌肉，在一定程度上能够预防小便失禁，同时对产后的性生活也很有益处 |
| 精神 | 大部分妈妈的身体已经恢复得很不错了，对于照顾宝宝的饮食起居也越来越熟练。此时可以尝试做简单的家务，例如用洗衣机洗衣服、擦擦桌子等。但还是以休息为主，不要勉强自己，尤其应该避免长时间站立以及进行繁重的劳动 |

## 饮食注意理气补血

恶露虽然已经排得差不多了，但是生产导致的大量失血会让新妈妈总感觉疲劳乏力，提不起精神来，醒来后偶尔还有眩晕的感觉，缺血使产后妈妈的身体失去了活力。简单而方便的补血方式随时可以进行，红糖小米粥、红枣茶、花生粥、蜜枣汤、猪血菠菜粥等都是方便易做的补血好食方。

 专家指导

辛辣温燥食物可助内热，而使产妇虚火上升，有可能会出现口舌生疮、大便秘结或痔疮等症状，也可能通过乳汁使婴儿内热加重，因此，饮食宜清淡，不要吃过于油腻和辛辣的食物。

## 吃零食讲原则

产后新妈妈需要补充各种营养素以促进身体恢复。通常建议少食多餐，加餐时摄入些零食，不但可以改善口味、刺激食欲，还能补充身体需要的营养。但零食的选择十分重要。

坐月子吃零食的原则，以营养科学为指导，少吃高糖、高脂肪、高热量、不卫生、无包装的食品。

**1** 尽量选择能提供一定营养素又美味的食物，如酸奶、奶片、牛肉干、各种水果、花生、核桃、芝麻等。这些食物可以提供一定量的蛋白质、碳水化合物、不饱和脂肪酸、维生素和矿物质。

**2** 吃零食还要看时机。最好在两餐之间吃，切记不要吃太多，以免影响正餐的摄入。看电视时吃零食容易不知不觉中吃得过多，要注意控制。晚上睡前不要吃，以免增加消化道的负担，影响睡眠。食物残渣留在唇齿间，对口腔卫生不利，也易造成龋齿。口腔不健康最终会影响妈妈的健康，自然而然也影响宝宝的母乳喂养安全。

## 适当选择高蛋白食物

黄豆中含有丰富的植物蛋白质、钙、维生素D、B族维生素等，如果每天摄入含有黄豆或豆制品的食物，对乳房健康很有帮助。

坚果类食物如杏仁、花生、核桃、芝麻等，富含蛋白质、不饱和脂肪酸和抗氧化剂——维生素E。摄入丰富的维生素E可以让新妈妈乳房组织更富弹性，对增强身体免疫力很有帮助。

# 产后第15天

带鱼卷饼

## 哺乳妈妈一日食谱

**早餐** 带鱼卷饼2块 + 菠菜粥1碗 + 小炒虾仁1份

**中餐** 馒头1个 + 黄瓜炒肉片1份 + 魔芋豆腐汤1份 + 蕨菜核桃仁1份

**15点加餐** 红枣莲子汤1碗 + 绿豆糕2块

**晚餐** 米饭1碗 + 丝瓜鲈鱼汤1份 + 栗子黄焖鸡1份 + 木耳炒百合1份

**20点加餐** 鸡蓉小米羹1碗

## 带鱼卷饼 早餐

**原料** 带鱼250克，圆形薄饼2张。

**调料** 葱末、姜末、白糖、酱油、盐、醋各适量。

**做法**

1. 带鱼洗净，剁成约5厘米长的段。
2. 油锅烧热，放入带鱼段两面略煎，淋入醋，加葱末、姜末、白糖、酱油、盐、清水，小火焖至收干汤汁。
3. 将带鱼放在圆形薄饼上，卷成圆筒形，切段，码盘即可。

**营养功效**

此品还有丰富的磷、钾、蛋白质等，可补血健胃，适合产后新妈妈食用。

## 魔芋豆腐汤 中餐

**原料** 菠菜150克，冻豆腐200克，魔芋、鲜香菇各50克。

**调料** 盐、香油各适量。

**做法**

1. 菠菜择洗干净，切段；冻豆腐切块；香菇洗净，切片；魔芋烫熟，切块。
2. 锅中加适量清水煮开，放入上述所有原料煮熟，加盐、香油调味即可。

**营养功效**

此汤对于促进胃肠蠕动有很好的作用，能润肠通便、防止便秘。

## 丝瓜鲈鱼汤 `晚餐`

**原料** 鲈鱼1条,丝瓜2根。
**调料** 姜末、料酒、盐各适量。

**做法**

1. 鲈鱼收拾干净,加料酒腌渍15分钟;丝瓜刮去外皮,去蒂,洗净,切滚刀块。
2. 锅置火上烧热,倒入植物油,放入鲈鱼两面煎至金黄色,加姜末和适量温水,倒入砂锅中。
3. 砂锅置火上,大火煮开后转小火煮至汤呈奶白色,下入丝瓜块煮10分钟,加盐调味即可。

**营养功效**

鲈鱼味甘性平,有强筋骨、活血行气的作用;丝瓜活血脉、通乳汁。这道汤益血催乳,适合哺乳妈妈食用。

## 木耳炒百合 `晚餐`

**原料** 干木耳30克,干百合10克。
**调料** 葱末、盐、水淀粉各适量。

**做法**

1. 木耳用温水泡发,择净;百合用温水泡发。
2. 锅内倒植物油,烧热后放入葱末爆香,倒入木耳煸炒片刻,再倒入百合一同爆炒3分钟,放盐调味,用水淀粉勾薄芡即可。

**营养功效**

木耳益气养血,百合补中益气、滋阴润肺,二者同炒,可滋阴养胃、补血活血,帮助新妈妈预防贫血、养神促眠。

番茄排骨汤

### 非哺乳妈妈一日食谱

**早餐** 鲜虾水饺1碗 + 煮鸡蛋1个 + 凉拌小黄瓜1份

**中餐** 米饭1碗 + 番茄排骨汤1份 + 芹菜炒猪肝1份

**15点加餐** 牛奶1杯 + 果仁饼干2块

**晚餐** 鸡蛋鱼粥1碗 + 小花卷1个 + 春笋炖鸡1份 + 蒜蓉空心菜1份

**20点加餐** 红枣鹌鹑蛋汤1份

## 鲜虾水饺 早餐

**原料** 水饺皮15张,鲜虾15只,玉米粒100克,鸡蛋1个。

**调料** 姜粉、香油、生抽、盐各适量。

**做法**

1. 玉米粒洗净,切碎;鲜虾去壳、去虾线,用刀剁碎,加入姜粉、生抽、盐、香油腌制10分钟,与玉米碎搅拌均匀制成饺馅。
2. 取一水饺皮,放上饺馅,将上下两边皮对折,依序折上花纹使其粘紧。
3. 汤锅放入适量清水煮沸,滴入少许香油,放入水饺煮沸,再加入一杯凉水,待水再次煮沸即可捞出。

**营养功效**

此品味美,可补肾壮阳、通乳、强身,非常适合新妈妈食用。

## 番茄排骨汤 中餐

**原料** 番茄2个,猪排骨150克。

**调料** 香菜末、姜片、盐、香油各适量。

**做法**

1. 番茄洗净,去皮,切成滚刀块;猪排骨洗净,剁成3厘米大小的块,焯烫去血水,冲洗干净。
2. 姜片炒香,入番茄、排骨,加适量清水,小火煮至排骨软烂,调入盐、香油,撒香菜末即可。

**营养功效**

番茄健胃益血,排骨富含钙,新妈妈常喝这道汤可养血补钙。

## 鸡蛋鱼粥 晚餐

**原料** 大米100克，鱼肉50克，鸡蛋1个。
**调料** 高汤、盐、葱花、香油各适量。
**做法**
1. 将鸡蛋磕入碗中，加适量清水、盐调匀，蒸熟。
2. 将大米淘净，注入高汤煮粥，中途加入洗净的鱼肉一起熬至鱼熟米烂。
3. 将蒸鸡蛋倒入粥中，放入葱花、香油即可。

**营养功效**
新妈妈常食此粥可以起到健脑、养血的作用。

## 红枣鹌鹑蛋汤 加餐

**原料** 红枣10颗，煮熟的鹌鹑蛋4~6个。
**调料** 白糖适量。
**做法**
1. 红枣洗净，去核，剁碎；鹌鹑蛋去皮。
2. 将剁碎的红枣放入锅中，加适量清水搅匀。
3. 在锅中放入鹌鹑蛋，大火煮开，加白糖煮至糖化即可。

**营养功效**
鹌鹑蛋健脑安神，和补血益气的红枣同煮，可以帮助新妈妈增加营养、补血养颜。

# 产后第16天

墨鱼炖猪排

## 哺乳妈妈一日食谱

**早餐** 牛奶1杯 + 奶油吐司2片 + 煎鸡蛋1个 + 凉拌小黄瓜1份

**中餐** 杂粮饭1碗 + 白菜烧带鱼1份 + 菠菜牡蛎汤1份

**15点加餐** 香蕉1根 + 藕粉1碗

**晚餐** 小馄饨1碗 + 玉米面发糕1块 + 墨鱼炖猪排1份 + 花生拌菠菜1份

**20点加餐** 西米露1碗

## 白菜烧带鱼  中餐

**原料** 大白菜200克,带鱼300克。

**调料** 葱花、姜片、香菜末、白糖、醋、酱油、八角、盐各适量。

**做法**

1. 大白菜择洗干净,削成片;带鱼收拾干净,剁成约5厘米长的段。
2. 油锅烧热,放入带鱼段两面略煎,加葱花、姜片、白糖、醋、酱油、八角、盐,淋入适量清水,放入大白菜;大火烧开后转小火烧制约20分钟,大火收干汤汁,撒上香菜末即可。

**营养功效**

此品可补血养颜、润肠通便。

## 墨鱼炖猪排  晚餐

**原料** 墨鱼1只,猪排骨200克,花生米、红枣各50克。

**调料** 香油、香菜末、盐各适量。

**做法**

1. 墨鱼洗净去杂,切块,煮5分钟;猪排骨洗净,剁块,焯去血水;红枣洗净,去核。
2. 将墨鱼、花生米、红枣、猪排骨放入锅内,加入适量水,烧开后改小火炖2小时,加调料调味即可。

**营养功效**

此品具有安心宁神、养血补虚、益胃健脾的作用。

红薯饼

## 非哺乳妈妈一日食谱

**早餐** 红薯饼2块 + 皮蛋瘦肉粥1碗

**中餐** 素包子2个 + 枸杞桃仁鸡丁1份 + 清炒菠菜1份

**15点加餐** 锦绣蒸蛋1碗

**晚餐** 杂粮饭1碗 + 虾仁芹菜1份 + 黄花菜肉丝汤1份

**20点加餐** 黄芪牛肉蔬菜汤1份

## 红薯饼 早餐

**原料** 红薯1个,糯米粉适量。

**调料** 白糖适量。

**做法**

1. 红薯洗净,去皮,蒸熟,压成泥。
2. 红薯泥中加白糖、糯米粉,揉成面团,分成小块,用手团圆,按成小饼。
3. 电饼铛抹油,放入小饼坯,小火煎熟即可。

**营养功效**

红薯饼香甜可口,新妈妈常吃可以补充营养、预防便秘。

## 枸杞桃仁鸡丁 中餐

**原料** 鸡肉600克,核桃仁、枸杞子各50克。

**调料** 鸡汤、香油、淀粉、葱末、姜末、蒜片、胡椒粉、盐各适量。

**做法**

1. 枸杞子洗净;核桃仁去皮,用温油炸透,加入枸杞子即起锅沥油;鸡肉洗净,切丁;用盐、胡椒粉、鸡汤、香油、淀粉调成味汁待用。
2. 油锅烧热,下入姜末、葱末、蒜片稍煸,投入鸡丁快速炒透,倒入味汁,下入核桃仁、枸杞子炒匀即可。

**营养功效**

此品可补充体力,改善新妈妈疲乏无力、腰膝酸软的症状。

PART 3
坐月子饮食专家方案

**产后第 17 天**

胡萝卜苹果炒饭

### 哺乳妈妈一日食谱

**早餐** 枸杞红枣粥1碗 + 鲜肉包1个 + 拌海带丝1份

**中餐** 胡萝卜苹果炒饭1碗 + 黄芪茯苓煲乌鸡1份 + 花生拌菠菜1份

**15点加餐** 香蕉蜜桃鲜奶1杯 + 豆沙饼2块

**晚餐** 黑米粥1碗 + 肉末炒豆角1份 + 熘鸡肝1份 + 芝麻烧饼1个

**20点加餐** 花生黑芝麻糊1碗

## 胡萝卜苹果炒饭

**原料** 胡萝卜1根，苹果半个，米饭100克。

**调料** 葱花、蒜粒、盐、酱油各适量。

**做法**

1. 胡萝卜洗净，去皮，切成小丁，稍焯一下；苹果洗净，去皮、核，切成小丁。
2. 油锅烧热，煸香葱花，放入胡萝卜和苹果翻炒，调入少量盐、酱油、蒜粒，放入米饭炒匀即可。

**营养功效**

胡萝卜、苹果可健脾益胃、养心益气、润肠通便，和米饭一起炒，味道鲜美，可补充体力，预防新妈妈便秘。

## 花生黑芝麻糊

**原料** 花生米80克，熟黑芝麻60克，糯米粉50克。

**调料** 白糖适量。

**做法**

1. 将花生米、糯米粉分别放在碗里，再分别放到微波炉里高火加热2~3分钟至熟。
2. 将花生米、黑芝麻和白糖放到搅拌机打碎，与糯米粉混匀，用开水冲调即可。

**营养功效**

此品可补血、润肠、通乳、养发，是产后女性滋补佳品。

蒜香面包

#### 非哺乳妈妈一日食谱

**早餐** 蒜香面包2片 + 小米粥1碗 + 拌三丝1份

**中餐** 米饭1碗 + 红枣炖牛肉1份 + 鱼圆莼菜汤1份

**15点加餐** 玉米粥1碗 + 鲜橙1个

**晚餐** 馒头1个 + 菠菜炒豆皮1份 + 香菇炒肉1份 + 紫菜蛋花汤1碗

**20点加餐** 薏米莲子羹1碗

## 蒜香面包 早餐

**原料** 大蒜5瓣,香菜3棵,面包片、奶油各适量。

**调料** 盐适量。

**做法**

1. 奶油室温软化,用筷子搅稀;大蒜去皮洗净,切成蒜蓉;香菜洗净,切碎。
2. 将奶油、蒜蓉、香菜碎和盐用搅拌器搅拌均匀,制成大蒜酱。
3. 将大蒜酱涂在面包片上,放烤盘入烤箱烘烤10分钟(注意不要让大蒜烤焦),取出面包片稍凉即可食用。

**营养功效**

此品蒜香扑鼻,奶香四溢,可以促进食欲,提高新妈妈的抵抗力。

## 红枣炖牛肉 中餐

**原料** 牛肉(肥瘦)500克,红枣10颗。

**调料** 葱段、姜片、白糖、香油、番茄酱、酱油、料酒、盐各适量。

**做法**

1. 牛肉洗净,切成块,投入沸水锅内焯去血沫,放入高压锅内,加入葱段、姜片、盐和酱油煮熟;红枣洗净,去核。
2. 油锅烧热,放入葱段、姜片炒出香味,再放入番茄酱煸炒片刻,加入适量清水、盐、白糖、酱油、料酒、牛肉块和红枣炖25分钟至熟透入味,淋上香油即可。

**营养功效**

此品补中益气、滋养脾胃、强健筋骨,是新妈妈冬天进补的好菜品。

PART 3 坐月子饮食专家方案

## 产后第 18 天

桂圆红枣粥

### 哺乳妈妈一日食谱

**早餐** 桂圆红枣粥1碗 + 煮鸡蛋1个 + 香蕉1根

**中餐** 米饭1碗 + 花生炖蹄筋1份 + 无花果平菇汤1份

**15点加餐** 木瓜炖牛奶1碗 + 猕猴桃1个

**晚餐** 菠菜面1碗 + 山药枸杞炖羊肉1份 + 香菇西蓝花1份

**20点加餐** 橙汁冲米酒1杯 + 小蛋糕1个

## 桂圆红枣粥

**原料** 桂圆肉、莲子各10克,红枣5颗,大米100克。

**调料** 红糖适量。

**做法**

1. 大米淘净;红枣洗净,去核;桂圆、莲子洗净。
2. 将红枣、桂圆肉、莲子、大米同放锅中,加清水适量煮为稀粥。喜好甜食者,可加红糖适量同煮服食。

**营养功效**

此粥具有养心安神、健脾补血的功效,适合剖宫产妈妈补虚养血食用。

## 花生炖蹄筋

**原料** 花生米150克,牛蹄筋100克。

**调料** 红糖适量。

**做法**

1. 花生米、牛蹄筋洗净。
2. 将牛蹄筋与花生米共放入砂锅中,加水适量,小火炖煮至牛蹄筋与花生米熟烂,待汤汁浓稠时,加入红糖搅匀即可。

**营养功效**

此品具有润肺和胃、强壮筋骨、益身健体的功效,还可促进乳汁分泌。

## 无花果平菇汤 中餐

**原料** 无花果100克，平菇50克。
**调料** 姜片、蒜片、花椒、盐各适量。
**做法**
1. 无花果洗净，切碎；平菇洗净，切条。
2. 将无花果和平菇条一同入锅，加花椒、姜片、蒜片及适量清水煮至烂熟，放盐调味即可。

**营养功效**
新妈妈喝这道汤可健脾胃、提振食欲、通乳、提高身体免疫力。

## 山药红枣炖羊肉 晚餐

**原料** 羊肉450克，山药60克，红枣10颗，枸杞子、桂圆肉各10克。
**调料** 姜片、盐、胡椒粉、料酒各适量。
**做法**
1. 山药去皮，洗净，切块；红枣洗净，去核；桂圆肉洗净；枸杞子洗净，浸泡至软；羊肉洗净，切小块，入开水焯透后再洗净。
2. 起油锅，将羊肉、姜片倒入煸炒，烹入料酒，出锅放入砂锅。
3. 砂锅中加山药、红枣、桂圆肉、枸杞子，用小火炖；炖至羊肉软烂，加入盐、胡椒粉调味即可。

**营养功效**
这道菜对产后新妈妈有温补脾胃、养血益血的功效。

鸡汁粥

### 非哺乳妈妈一日食谱

**早餐** 鸡汁粥1碗 + 黄米面馒头1个 + 豌豆炒鱼丁1份

**中餐** 红薯饼2块 + 虾皮炒茭白1份 + 鲫鱼炖豆腐1份

**15点加餐** 鳗鱼寿司卷3个 + 胡萝卜番茄汁1杯

**晚餐** 花生粥1碗 + 当归牛肉汤1份 + 香菇西蓝花1份 + 小花卷1个

**20点加餐** 核桃露1杯 + 饼干2块

## 鸡汁粥  早餐

**原料** 乌鸡1只（重约600克），大米100克。

**调料** 葱花、姜末、盐各适量。

**做法**

1. 将乌鸡去毛杂，洗净，切块，放入沸水锅中煮至鸡肉熟，取鸡汁待用。
2. 大米淘净，入锅，加入鸡汁煮粥，待粥熟时调入葱花、姜末、盐，再煮一二沸即可。

**营养功效**

鸡汁粥可补中益气、添精生髓，适合产后新妈妈补身养血。

## 鲫鱼炖豆腐  中餐

**原料** 北豆腐200克，鲫鱼500克，猪肉75克。

**调料** 葱末、葱段、姜末、姜片、蒜片、料酒、盐各适量。

**做法**

1. 豆腐洗净，切块；鲫鱼收拾干净，鱼身上打花刀；猪肉洗净，剁碎，与葱末、姜末、料酒调匀后填入鱼肚内。
2. 油锅烧至六成热，下入鲫鱼煎至两面微黄，烹入料酒，放入适量清水、葱段、姜片、蒜片，大火烧开约5分钟，放入豆腐，改用中火炖至鱼肉熟，加入盐调味即可。

**营养功效**

此品可益气健脾、补钙壮骨。

## 虾皮炒茭白

**原料** 茭白150克，虾皮30克，青椒25克。

**调料** 葱花、姜末、盐、白糖各适量。

**做法**

1. 将茭白削去皮，洗净，切斜片，入锅略焯；青椒洗净，去子，切片；虾皮去杂，洗净。
2. 油锅烧至八成热，下入葱花、姜末和虾皮，煸炒出香味，加入茭白片、青椒片、盐、白糖，炒匀即可。

**营养功效**

虾皮可补钙，茭白利尿消肿，这道菜可帮新妈妈祛瘀消肿、补充钙质。

## 当归牛肉汤

**原料** 牛肉（肥瘦）500克，当归40克，红枣10颗。

**调料** 盐适量。

**做法**

1. 牛肉洗净，切块；当归、红枣洗净，红枣去核。
2. 将牛肉、当归、红枣放入锅内，加适量清水，大火煮开。
3. 转小火煮约2小时，加盐调味即可。

**营养功效**

当归牛肉汤适合产后新妈妈补气养血，促进身体恢复。

## 产后第19天

阿胶粥

### 哺乳妈妈一日食谱

**早餐** 阿胶粥1碗 + 小面包2个 + 拌三丝1份 + 酱牛肉2片

**中餐** 米饭1碗 + 山药木耳炒肉片1份 + 薏米羊肉汤1份

**15点加餐** 燕麦饼干2块 + 樱桃50克

**晚餐** 花生糯米粥1碗 + 肉丁烧鲜贝1份 + 芦笋炒香干1份 + 小花卷1个

**20点加餐** 什锦包子1个 + 牛奶1杯

## 阿胶粥

**原料** 阿胶10克，大米100克。

**调料** 红糖适量。

**做法**

1. 阿胶捣碎；大米淘净。
2. 将大米放入锅中，加清水适量，煮为稀粥。
3. 待粥熟时调入阿胶、红糖，煮化即可。

**营养功效**

这道粥具有补血止血、润肺滋阴、美容养颜、延缓衰老、健脑益智、提高免疫力的功效，是新妈妈补血调理的佳品。

## 山药木耳炒肉片

**原料** 山药200克，水发木耳50克，猪肉80克。

**调料** 葱花、姜片、生抽、料酒、盐各适量。

**做法**

1. 山药洗净，去皮，切薄片；木耳去蒂，撕成小朵；猪肉洗净，切片，加生抽、料酒、盐腌制20分钟。
2. 油锅烧热，炒香葱花、姜片，下入肉片翻炒至变色，放入木耳、山药片炒匀，加少许清水、盐翻炒至熟即可。

**营养功效**

此品滋阴润燥、补血、排毒，非常适合新妈妈食用。

### 非哺乳妈妈一日食谱

- **早餐** 菠菜面1碗 + 荷包蛋1个 + 香蕉1根
- **中餐** 米饭1碗 + 清炒虾仁1份 + 枸杞乌鸡煲1份 + 脆芹拌腐竹1份
- **15点加餐** 杏仁露1杯 + 饼干2块
- **晚餐** 麻酱花卷1个 + 白菜肉丝汤1份 + 香葱焖木耳1份
- **20点加餐** 山药凉糕1块

## 枸杞乌鸡煲

**原料** 乌鸡1000克,枸杞子5克。

**调料** 葱白段、姜片、盐、胡椒粉各适量。

**做法**

1. 将乌鸡收拾干净,剁成块,放入锅内注入适量清水,待将沸时打去浮沫,加葱白段、姜片,大火烧开,转小火煲制。
2. 煲至鸡酥烂时,下盐、胡椒粉和枸杞子,再炖20分钟,使其充分入味即可。

**营养功效**

这道汤具有补血养颜、强壮身体的作用,适宜产后气血虚弱的新妈妈调养补身。

## 白菜肉丝汤

**原料** 猪瘦肉50克,大白菜心200克。

**调料** 姜末、蒜末、盐各适量。

**做法**

1. 猪瘦肉洗净,切丝;大白菜心洗净,切丝,放入沸水中焯熟,捞出过凉。
2. 油锅烧至五成热,放入姜末、蒜末爆香,再加肉丝合炒,加入适量清水煮熟,加入白菜丝煮沸,调入盐即可。

**营养功效**

此汤含有的膳食纤维能增加饱腹感,促进脂肪代谢,帮助新妈妈控制体重。

## 产后第 20 天

蜜枣桂圆姜汁粥

### 哺乳妈妈一日食谱

**早餐** 蜜枣桂圆姜汁粥1碗 + 白菜猪肉包1个 + 香蕉1根

**中餐** 拉面1碗 + 荸荠虾仁1份 + 太子参焖猪蹄1份 + 清炒荷兰豆1份

**15点加餐** 蛋糕2块 + 葡萄汁1杯 + 核桃仁30克

**晚餐** 小米饭1碗 + 肉末烧豆腐1份 + 清炒菠菜1份

**20点加餐** 西米露1碗 + 草莓60克

## 蜜枣桂圆姜汁粥  早餐

**原料** 大米100克，桂圆肉、蜜枣各50克，生姜20克。

**调料** 蜂蜜适量。

**做法**

1. 大米淘洗干净，用冷水浸泡半小时。
2. 蜜枣、桂圆肉分别洗净；生姜洗净，去皮，磨姜汁备用。
3. 大米放入锅中，加入适量冷水烧沸，加入蜜枣、桂圆肉和姜汁煮至米枣软烂；稍凉时调入蜂蜜，搅拌均匀即可。

**营养功效**

此粥具有气血双补、补虚养身的功效，是新妈妈的补益良品。

## 太子参焖猪蹄  中餐

**原料** 猪蹄2只，太子参30克。

**调料** 冰糖、料酒、酱油、葱段、姜片各适量。

**做法**

1. 将太子参煎浓汁200毫升，备用；猪蹄洗净后在两侧各划花刀。
2. 将猪蹄放入锅内，加入太子参浓汁及所有调料，用大火烧开，再用小火焖2小时，焖至猪蹄烂透即可。

**营养功效**

此品具有大补元气、养血填精的功效，适用于神疲乏力、心悸气短、头晕目眩、产后缺乳等产后所致的虚损病症。

### 非哺乳妈妈一日食谱

**早餐** 阿胶鸡蛋粥1碗 + 牛肉饼1个 + 清炒小油菜1份

**中餐** 糙米饭1碗 + 清蒸基围虾1份 + 红枣木耳猪腱汤1份

**15点加餐** 开心果30克 + 蜂蜜柚子茶1杯

**晚餐** 鸡蛋面1碗 + 香芹炒猪肝1份 + 三鲜冬瓜汤1份

**20点加餐** 火龙果半个 + 桂花糕1块

## 阿胶鸡蛋粥 早餐

**原料** 鸡蛋1个，阿胶20克，糯米100克。

**调料** 盐适量。

**做法**

1. 将鸡蛋打入碗内，用筷子朝着一个方向搅散；糯米洗净，浸泡1小时。
2. 锅内放入清水，大火烧开后加入糯米，煮沸，改用小火熬煮至粥成。
3. 放入阿胶，淋入鸡蛋液，搅匀，续煮两次：第一次煮沸后稍停，等锅内水不沸时再加水煮沸；调入盐再次煮沸即可。

**营养功效**

本品具有补血养颜、润肺止咳的功效，新妈妈适量食用可补血强身、健脾益气。

## 红枣木耳猪腱汤 中餐

**原料** 干银耳、干木耳各10克，猪腿肉150克，红枣6颗。

**调料** 盐适量。

**做法**

1. 干银耳、干木耳分别用清水泡发，去蒂，洗净，撕成小朵；猪腿肉洗净，切小块；红枣洗净，去核。
2. 砂锅内放适量清水烧开，放入所有原料煲开，转小火煲1小时，下盐调味即可。

**营养功效**

此品具有气血双补、滋阴润燥、美容养颜的功效，是新妈妈的补益良品。

PART 3
坐月子饮食专家方案 167

## 产后第21天

木耳炒芹菜

### 哺乳妈妈一日食谱

**早餐** 麻酱花卷1个 + 猪肝粥1碗 + 嫩姜拌莴笋1份

**中餐** 香菇鸡肉水饺1份 + 清炒空心菜1份 + 猪蹄茭白汤1份

**15点加餐** 高纤饼干5块 + 豆浆1杯

**晚餐** 豆沙包2个 + 鲫鱼炖豆腐1份 + 木耳炒芹菜1份

**20点加餐** 苹果1个 + 奶酪饼干2块

## 猪肝粥

**原料** 猪肝、大米各100克。

**调料** 葱花、姜末、盐各适量。

**做法**

1. 将猪肝洗净，切片，与淘净的大米同放锅中，加清水适量，煮为稀粥。
2. 待熟时调入葱花、姜末、盐，再煮2分钟即可。

**营养功效**

此粥具有养肝明目、补血调血的功效，适于头目眩晕及有贫血症状的新妈妈食用。

## 木耳炒芹菜

**原料** 芹菜200克，干木耳30克，胡萝卜20克。

**调料** 葱丝、姜末、花椒、盐各适量。

**做法**

1. 干木耳用清水发透，去蒂，洗净；芹菜洗净，切成段；胡萝卜洗净，去皮，切丝。
2. 油锅烧至六成热时，放入姜末、葱丝爆香，放入芹菜、木耳、胡萝卜、盐炒至芹菜断生即可。

**营养功效**

此品清热平肝、和血降压、润肠通便，适宜新妈妈补血、预防便秘。

### 非哺乳妈妈一日食谱

**早餐** 绿豆粥1碗 + 雪菜肉包1个 + 凉拌海带丝1份

**中餐** 玉米小窝头2个 + 首乌红枣羊肉汤1份 + 栗子鸡丁1份

**15点加餐** 肉夹馍1个 + 番茄汁1杯

**晚餐** 米饭1碗 + 小炒黄牛肉1份 + 香菇鲫鱼汤1份 + 凉拌藕片1份

**20点加餐** 腰果30克 + 酸奶1杯

## 首乌红枣羊肉汤

**原料** 羊肉500克，红枣10颗，首乌20克。

**调料** 姜片、盐、料酒各适量。

**做法**

1. 羊肉洗净，切片；红枣洗净，去核；首乌洗净，切小块。
2. 锅加油烧至七成热，放入羊肉片、姜片翻炒，加入料酒和适量清水煮沸。
3. 将羊肉汤移至砂锅内，加入红枣、首乌，煮至羊肉熟烂，加盐调味即可。

**营养功效**

本品具有滋肝肾、益气血、补虚损的功效。

## 香菇鲫鱼汤

**原料** 鲫鱼2条，鲜香菇200克。

**调料** 姜块、盐、胡椒粉各适量。

**做法**

1. 鲫鱼收拾干净；香菇洗净，撕成片。
2. 油锅烧至八成热时，下入姜块微炒，再放入鲫鱼，大火翻炒约20秒，加入适量清水，大火烧开，转小火慢炖约10分钟，至汤色变奶白色时，放入香菇及胡椒粉，至香菇煮熟后，放入盐调味即可。

**营养功效**

本品补气血，并且可以提高人体免疫力，有预防感冒的作用。

# 产后第四周：增强体质

产后第四周，是新妈妈即将迈向正常生活的过渡期，更应该严格按照坐月子的饮食和休养方式，巩固整个坐月子的成果，恢复体力，保持健康状态。

## 新妈妈的身体变化

| | |
|---|---|
| 恶露 | 大多数新妈妈的恶露此时已经排干净了，开始出现正常的阴道分泌物，白带颜色正常。恶露持续的时间与新妈妈的体质有关，也有一些新妈妈在本周仍会排出黄色或白色的恶露。一般来说，剖宫产的新妈妈恶露结束的时间相对更早 |
| 子宫 | 子宫的体积、功能仍然在恢复中，只是新妈妈对此还没有感觉。子宫颈在本周会完全恢复至正常大小，随着子宫的逐渐恢复，新的子宫内膜也在逐渐生长。如果本周新妈妈仍有出血状况，需要咨询医生 |
| 乳房 | 此时新妈妈的乳汁分泌已经增多，同时也容易患急性乳腺炎，因此要密切观察乳房的状况。如果有乳腺炎的情况发生，一定要稳定情绪，勤给宝宝喂奶，让宝宝尽量把乳房里的乳汁吃干净 |
| 精神 | 新妈妈在哺喂宝宝和与宝宝不断的接触中，彼此间的感情越来越深厚。加上身体状况恢复良好，新妈妈此时的心情愉悦，精神饱满 |

## 饮食上注意增强体质

无论新妈妈是否哺乳，产后第四周的进补都不要掉以轻心，本周可是恢复产后健康的关键时期。身体各个器官都逐渐恢复到产前的状态，此时需要充足的营养来帮助尽快恢复元气。

 专家指导

第四周新妈妈的身体逐渐恢复，可以逐渐增加食物种类了。之前可能禁忌的某些食物现在可以慢慢加在食谱里，做到食物多样化。

## 黄金饮食原则要记牢

| | |
|---|---|
| **吃温补性食物** | 到了产后第四周,新妈妈就要着重开始进行体力的恢复了。如果是在冬天,新妈妈可以吃一些温补的食物,如羊肉;还可以喝鱼汤,鱼汤能够很好地补充热量,帮助催乳 |
| **减少油脂摄入** | 到了产后第四周,新妈妈应减少油脂的摄取以利恢复产后的身材。鸡汤、猪蹄汤等最好撇去浮油,鸡肉去皮后食用,猪蹄避免食用过多的白色脂肪部分。这样做不但可以摄取足够的蛋白质,也可以明显地减少脂肪的摄入 |
| **中药煲汤需留意** | 如果需要,可以用一些中药来煲汤给新妈妈进补。不同的中药特点也各不相同,用中药煲汤之前,必须了解中药的寒、热、温、凉等性质 |

### 这些美食你值得拥有

从这周开始,可以多吃一些能促进新陈代谢、催乳补虚、利水消脂的食物。

1　薏米饭消除水肿,促进消化吸收。

2　香油鸡补充蛋白质,催乳补虚。

3　香菇鲜鱼汤促进新陈代谢,提高免疫力。

4　花生猪蹄汤促进乳汁分泌,改善虚弱体质。

## 产后第 22 天

西葫芦炒虾仁

### 哺乳妈妈一日食谱

**早餐** 什锦面1碗 + 豆浆1杯 + 香蕉1根

**中餐** 米饭1碗 + 西葫芦炒虾仁1份 + 菠萝鸡片1份 + 木耳炒胡萝卜1份

**15点加餐** 香瓜1个 + 煮花生1把

**晚餐** 米饭1碗 + 青椒肉丝1份 + 猪蹄茭白汤1份

**20点加餐** 鲜虾吐司卷1个 + 苹果汁1杯

## 西葫芦炒虾仁 中餐

**原料** 西葫芦150克,虾仁200克。

**调料** 姜末、盐、白糖、料酒各适量。

**做法**

1. 西葫芦洗净,去子,切丁,焯水;虾仁洗净,沥干水分,用少许盐及料酒抓匀,腌制5分钟左右。
2. 油锅烧热,倒入虾仁、姜末翻炒至断生,倒入西葫芦继续翻炒,再依次加入白糖、盐调味即可。

**营养功效**

本品有健脾益胃、强筋健骨的功效。

## 猪蹄茭白汤 晚餐

**原料** 猪蹄250克,茭白100克。

**调料** 姜片、葱段、料酒、盐各适量。

**做法**

1. 猪蹄收拾干净,斩大块;茭白洗净,切片。
2. 将猪蹄入砂锅内,加适量清水、料酒、姜片、葱段,用大火煮沸;撇去浮沫,改用小火炖至猪蹄酥烂,最后投入茭白片,再煮5分钟,加入盐即可。

**营养功效**

此汤营养价值高,有补血、催乳、润肤等功效。

### 非哺乳妈妈一日食谱

**早餐** 花卷1个 + 玉米粥1碗 + 银丝菠菜1份

**中餐** 紫薯馒头2个 + 滑蛋虾仁1份 + 海带炖鸡汤1碗 + 清炒蒿子杆1份

**15点加餐** 煮玉米1根 + 苹果1个

**晚餐** 米饭1碗 + 参芪玉米烧排骨1份 + 清炒冬笋片1份 + 丝瓜木耳汤1份

**20点加餐** 桂圆5颗 + 核桃小面包1个

## 滑蛋虾仁

**原料** 虾仁200克,鸡蛋2个。

**调料** 葱花、淀粉、盐各适量。

**做法**

1. 虾仁洗净,用盐腌制约10分钟;鸡蛋打散,加盐、淀粉搅匀,再与虾仁、葱花混合成蛋液。
2. 油锅烧热,倒入混合虾仁蛋液,待蛋液周围开始凝固时用锅铲迅速将蛋炒散即可。

**营养功效**

此品营养丰富,能增强免疫力、补充钙质、提高新妈妈的食欲。

## 参芪玉米烧排骨

**原料** 党参、黄芪各15克,玉米2根,小排骨500克。

**调料** 姜块、盐各适量。

**做法**

1. 玉米洗净,切成3厘米左右的段;小排骨洗净,放入滚水中焯去血水。
2. 将黄芪、党参冲洗干净,连同玉米段、小排骨放进锅内,放姜块,加适量清水一起炖煮至排骨熟透,加盐即可。

**营养功效**

本品可促进血液循环、补气养血,新妈妈适量食用,可补钙、养血、排毒。

## 产后第23天

木瓜鲤鱼煲

### 哺乳妈妈一日食谱

**早餐**　牛奶梨片粥1碗 + 金枪鱼三明治1块 + 煮鸡蛋1个

**中餐**　米饭1碗 + 木瓜鲤鱼煲1份 + 茭白炒蚕豆1份

**15点加餐**　黑芝麻汤圆1碗

**晚餐**　通心粉1碗 + 芝士焗虾1份 + 清炒豆苗1份

**20点加餐**　香芋卷1份 + 鲜桑葚50克

## 木瓜鲤鱼煲

**原料**　鲤鱼600克，木瓜120克。

**调料**　姜片、料酒、葱段、盐各适量。

**做法**

1. 鲤鱼收拾干净；木瓜洗净，去皮、去子，切成滚刀块。
2. 锅加油烧至六成热，下姜片、葱段煸香，放入鲤鱼煎至两面微黄，断火。
3. 砂锅加适量清水，大火烧开，放入鲤鱼、木瓜、料酒，开锅后转小火煲1小时，加盐调味即可。

**营养功效**

此品既可以补虚，又有通乳催奶的效果。

## 芝士焗虾

**原料**　鲜虾300克。

**调料**　料酒、黄油、芝士碎、香菜碎、蒜粉、姜粉各适量。

**做法**

1. 鲜虾去壳、去虾线，开边，放在铺了锡纸的烤盘上，撒上蒜粉、姜粉、料酒和黄油，最后再撒上芝士碎。
2. 烤箱预热220℃，将烤盘放入烤箱烤约10分钟，取出后撒上香菜碎即可。

**营养功效**

此品补肾壮阳、健胃护肝、补钙强骨，还可以刺激食欲、催生乳汁。

### 非哺乳妈妈一日食谱

**早餐** 豆沙包2个 + 桂花米酒1碗 + 花生拌瓜丁1份

**中餐** 米饭1碗 + 粉蒸肉1份 + 酱爆薯丁1份 + 莴笋炒豆腐1份

**15点加餐** 猕猴桃草莓汁1杯 + 鸡蛋布丁1份

**晚餐** 鳝鱼面1碗 + 香炒蛏子1份 + 手剥笋1份

**20点加餐** 葵花子1小把 + 牛奶1杯

## 酱爆薯丁

**原料** 红薯250克，猪瘦肉100克。

**调料** 盐、酱油、葱末、料酒、水淀粉各适量。

**做法**

1. 红薯洗净，去皮，切丁，放入沸水中焯一下，捞出；猪瘦肉洗净，切丁，加少许料酒、水淀粉拌匀待用。
2. 锅加油烧热，投入肉丁速炒，待肉丁变色后迅速加入红薯丁煸炒，炒至半熟后放入适量酱油、盐，加入适量清水，盖锅盖焖烧片刻，撒上葱末即可。

**营养功效**

本品富含蛋白质、铁、膳食纤维和维生素C，新妈妈食用可补充体力、缓解产后便秘。

## 猕猴桃草莓汁

**原料** 猕猴桃1个，草莓200克，橘子少许。

**调料** 盐少许。

**做法**

1. 猕猴桃洗净，去皮，切块；草莓洗净，放入淡盐水中浸泡10分钟；橘子去皮剥瓣。
2. 将猕猴桃、草莓和橘子倒入榨汁机，加入适量凉白开，搅拌均匀即可。

**营养功效**

此品具有丰富的维生素、矿物质等营养素，新妈妈经常饮用能润肤淡斑、增强抵抗力。

**产后第 24 天**

黄精鳝片

## 哺乳妈妈一日食谱

**早餐** 紫薯粥1碗 + 香椿煎鸡蛋1份 + 素包子1个

**中餐** 炸酱面1碗 + 黄精鳝片1份 + 海带栗子汤1份 + 清炒荷兰豆1份

**15点加餐** 桂花糕1块 + 红枣枸杞茶1杯

**晚餐** 米饭1碗 + 清炒口蘑1份 + 竹荪鸡汤1份

**20点加餐** 酸奶1杯 + 果仁茯苓饼1块

## 黄精鳝片

**原料** 黄精10克，鳝鱼500克。

**调料** 葱花、姜末、料酒、水淀粉、盐、白糖、胡椒粉、香油各适量。

**做法**

1. 黄精用温水洗净，剁成细蓉，再用盐、胡椒粉、白糖、料酒、水淀粉调成芡汁；鳝鱼宰杀洗净，切成薄片。
2. 锅加油烧至七成热，下鳝鱼片爆炒，快速滑散，随即下姜末炒几下，倒入调好的芡汁，淋上香油，撒上葱花即可。

**营养功效**

此品补虚养身效果好，且能使皮肤光滑，是新妈妈产后的补益佳品。

## 果仁茯苓饼

**原料** 面粉100克，茯苓粉50克，核桃仁、松子仁、花生米各10克，发酵粉适量。

**做法**

1. 将核桃仁、松子仁、花生米碾成末，撒于面粉和茯苓粉中，拌匀，加入适量清水和发酵粉，制成面团。
2. 将面团分成若干适中的小面团，并擀成饼，放入烤箱烤熟即可。

**营养功效**

此品具有健脾和胃、开胃补身的功效，新妈妈经常食用，可以增强体力、养颜护肤。

**非哺乳妈妈一日食谱**

**早餐** 蟹黄包2个 + 芝麻粥1碗 + 凉拌莴笋丝1份

**中餐** 米饭1碗 + 红烧肉1份 + 木耳冬瓜蛋皮汤1份

**15点加餐** 水晶包1个 + 红枣豆浆1杯

**晚餐** 小米粥1份 + 鲜笋肚片1份 + 丝瓜炖鱼头1份

**20点加餐** 大杏仁30克 + 木瓜汁1杯

## 木耳冬瓜蛋皮汤

**原料** 冬瓜、水发木耳各150克，海米15克，鸡蛋1个。

**调料** 盐、水淀粉、香油各适量。

**做法**

1. 冬瓜去皮、去子，洗净，切片；木耳择洗干净；海米淘净；鸡蛋打匀，摊成蛋皮，切片备用。
2. 锅内加入适量清水烧开，倒入海米、木耳煮沸，再加入冬瓜煮至沸腾，撒入盐，加入蛋皮，用水淀粉勾芡，淋入香油即可。

**营养功效**

本品具有利水消肿的功效，适用于产后新妈妈减肥。

## 红枣豆浆

**原料** 黄豆50克，红枣15克，枸杞子10克。

**调料** 白糖适量。

**做法**

1. 黄豆洗净，浸泡4小时；红枣洗净，去核；枸杞子用温水洗净。
2. 将黄豆、红枣、枸杞子放入豆浆机中，加凉白开至机体水位线间，接通电源，按下"豆浆"启动键，20分钟左右豆浆做好，加白糖调味即可。

**营养功效**

此品具有补虚益气、安神补肾之效，适合产后新妈妈经常饮用。

## 产后第25天

清炖猪蹄

### 哺乳妈妈一日食谱

**早餐** 灌汤包2个 + 煮鸡蛋1个 + 花生牛奶1杯 + 圣女果5颗

**中餐** 米饭1碗 + 清炖猪蹄1份 + 清炒芥蓝1份 + 山珍什菌汤1份

**15点加餐** 蓝莓蛋挞2个 + 哈密瓜汁1杯

**晚餐** 糙米饭1碗 + 青椒炒鱿鱼1份 + 莴笋冬菇汤1份

**20点加餐** 山药紫薯小汤圆1碗

## 清炖猪蹄

**原料** 猪蹄500克，胡萝卜100克，红枣6颗。

**调料** 盐、料酒、胡椒粉各适量。

**做法**

1. 猪蹄洗净，用刀将猪蹄从中间劈开，放入沸水烫透，捞出；胡萝卜洗净，去皮，切块；红枣用温水洗净，去核。
2. 砂锅加适量清水，大火烧开，放入猪蹄、红枣，改用小火炖至八成熟，放入胡萝卜，待猪蹄软烂、汤浓时，下入盐、料酒、胡椒粉调味即可。

**营养功效**

本品可催乳补虚、养颜补血。

## 青椒炒鱿鱼

**原料** 鱿鱼300克，青甜椒150克。

**调料** 葱末、姜末、蒜末、蚝油、料酒、盐各适量。

**做法**

1. 鱿鱼处理干净，切小段，加入料酒、盐抓匀；青甜椒洗净，切三角形片。
2. 油锅烧热，爆香葱末、姜末、蒜末，倒入鱿鱼，加蚝油及少许热水，炒至鱿鱼至小卷状，连汁一并盛出。
3. 另起油锅，倒入青甜椒煸炒，再倒入鱿鱼及汁炒入味，加盐调味即可。

**营养功效**

此品利尿通淋、养肝明目，富含蛋白质、硒，非常适合新妈妈食用。

### 非哺乳妈妈一日食谱

**早餐** 山药鱼片粥1碗 + 蒸紫薯1个 + 煮鸡蛋1个 + 凉拌茼蒿1份

**中餐** 米饭1碗 + 肉末豆腐1份 + 韭菜炒河虾1份 + 三丝莼菜汤1份

**15点加餐** 樱桃50克 + 奶酪蛋糕1块

**晚餐** 鸡丝面1份 + 牛蒡乌鸡汤1份 + 凉拌折耳根1份

**20点加餐** 八宝粥1碗

## 肉末豆腐 中餐

**原料** 豆腐250克,猪肉80克,蒜薹50克。

**调料** 葱末、红酒、豆瓣酱、盐、胡椒粉、淀粉、水淀粉各适量。

**做法**

1. 豆腐洗净,切块,放入盐水中浸泡半小时,用沸水焯一下,捞出;猪肉洗净,切末,加入适量胡椒粉、淀粉,搅拌均匀备用;蒜薹洗净,切小丁。
2. 葱末炝锅,加入肉末炒至变色,加入豆瓣酱、蒜薹翻炒片刻,加入豆腐,倒入红酒炖20分钟左右,加盐,用水淀粉勾芡,撒上葱末即可。

**营养功效**

本品富含钙、铁、蛋白质和膳食纤维,对新妈妈恢复身材有良好的作用。

## 牛蒡乌鸡汤 晚餐

**原料** 乌鸡1只,牛蒡300克。

**调料** 葱段、姜片、八角、陈皮、料酒、盐、花椒水各适量。

**做法**

1. 牛蒡洗净,去皮,切厚片;乌鸡收拾干净,焯水后捞出。
2. 汤锅置火上,放入适量清水、乌鸡烧开,加入料酒、盐、八角、陈皮、花椒水、葱段和姜片炖至鸡肉熟烂,投入牛蒡烧至入味即可。

**营养功效**

此品有很好的养阴和胃、益气补血的作用。

## 产后第26天

清炒竹笋

### 哺乳妈妈一日食谱

**早餐** 小米粥1碗 + 千层饼1块 + 凉拌金针菇1份

**中餐** 米饭1碗 + 清炒竹笋1份 + 芋头烧牛肉1份 + 当归猪血羹1份

**15点加餐** 草莓苹果奶1杯 + 桂圆杞子糕1块

**晚餐** 青菜汤面1碗 + 丝瓜炒鸡蛋1份 + 雪菜黄鱼汤1份

**20点加餐** 烤红薯1个

## 凉拌金针菇 早餐

**原料** 金针菇200克，黄瓜1根。

**调料** 蒜末、葱末、盐、醋、白糖、橄榄油各适量。

**做法**

1. 金针菇去根蒂，洗净；黄瓜去皮，洗净，切丝；将蒜末、葱末、醋、橄榄油、白糖调成味汁。
2. 将金针菇放入加了盐的沸水中煮约1分钟，捞出，控干水分。
3. 将金针菇、黄瓜与味汁拌匀即可。

**营养功效**

此品益肠胃，有开胃的作用，非常适合食欲不振的新妈妈食用。

## 清炒竹笋 中餐

**原料** 竹笋250克。

**调料** 葱末、姜末、盐、酱油各适量。

**做法**

1. 竹笋剥皮，除去老的部分，切片。
2. 锅内加油烧至九成热时，放入葱末煸香，再将竹笋、姜末、酱油、盐放入锅内翻炒，至笋熟时，再翻炒几下即可。

**营养功效**

本品具有清热化痰、消食和胃、解毒透疹、和中润肠的功效，非常适合在孕期患有高血压与糖尿病的新妈妈食用。

## 当归猪血羹

**原料** 猪血125克，冬葵菜250克，当归、肉苁蓉各15克。

**调料** 葱花、香油、盐各适量。

**做法**

1. 当归、肉苁蓉洗净，加清水适量，煎取药汁待用；冬葵菜撕去筋膜，洗净，放入锅内；猪血洗净，切条。
2. 将待用的药汁加入锅内，煮至冬葵菜熟，加入猪血。
3. 加入葱花、盐、香油混合均匀即可。

**营养功效**

本品具有养血、润肠、通便的功效。

## 雪菜黄鱼汤

**原料** 小黄鱼500克，雪菜100克。

**调料** 姜片、料酒、盐、高汤各适量。

**做法**

1. 将小黄鱼宰杀洗净；雪菜洗净，切成碎末。
2. 锅内放油烧热，放入黄鱼煎至微黄，加姜片略炸，加雪菜、料酒、盐、高汤，煮开后改小火烧片刻，起锅即可。

**营养功效**

黄鱼有健脾和胃、益气填精的功效，对贫血、食欲不振及女性产后体虚有良好食疗作用。

### 非哺乳妈妈一日食谱

**早餐** 酒酿小圆子1碗 + 荷包蛋1个 + 酸奶1杯 + 圣女果5颗

**中餐** 苹果胡萝卜羊肉粥1碗 + 金枪鱼沙拉1份 + 蒜香排骨1份 + 素包子1个

**15点加餐** 双皮奶1份 + 开心果1小把

**晚餐** 玉米粥1碗 + 红枣猪皮蹄筋汤1份 + 芽姜鸡片1份 + 馒头1个

**20点加餐** 鲜椰汁1杯 + 菠萝1块

## 苹果胡萝卜羊肉粥

**原料** 大米、羊肉、胡萝卜各100克，苹果300克。

**调料** 高良姜、陈皮、葱白段、胡椒粉、盐各适量。

**做法**

1. 大米洗净；苹果、胡萝卜洗净，去皮，切块；羊肉洗净，切粗丝；陈皮、高良姜入锅，加适量清水煮烂，去渣取汁。
2. 大米放入锅中，加入汁和适量清水煮成粥，加入羊肉丝、胡椒粉、葱白段，用小火煮至米花汤稠，下入盐调味即可。

**营养功效**

本品具有温阳散寒、补虚养身的功效，非常适宜体寒体虚的新妈妈食用。

## 酒酿小圆子

**原料** 酒酿250克，糯米粉30克，枸杞子5克。

**调料** 桂花糖（或白糖）适量。

**做法**

1. 将糯米粉用温水和成面团，搓成长条，揪成直径1厘米左右的小圆剂子，下入沸水中煮45～60秒备用。
2. 将酒酿煮开，倒入煮过的小圆子、枸杞子，并用勺轻轻搅动，开锅后加入桂花糖（或白糖）即可。

**营养功效**

本品可以补血行气，促进血脉流通，调养周身气血，避免产后身体气血两虚，还可以通经活血、温补脾胃、促进乳汁分泌。

## 红枣猪皮蹄筋汤

**原料** 猪皮100克，猪蹄筋30克，红枣8颗。

**调料** 盐适量。

**做法**

1. 将猪皮刮去皮下脂肪，洗净，切片；猪蹄筋用清水浸软，洗净，切小段；红枣洗净，去核。
2. 把猪皮、猪蹄筋、红枣放入锅内，加清水适量，大火煮沸后改小火煮1小时，加盐调味即可。

**营养功效**

本品具有滋阴润燥、利咽除烦、润肤美容的功效。

## 芽姜鸡片

**原料** 鸡胸肉300克，嫩姜70克，红甜椒25克，鸭蛋清1个。

**调料** 葱段、盐、胡椒粉、白糖、淀粉、料酒、香油各适量。

**做法**

1. 鸡胸肉洗净，切片，加入盐、胡椒粉、料酒各少许，拌匀腌片刻，再加入鸭蛋清和淀粉拌匀浆好。
2. 嫩姜去皮洗净，切片；红甜椒洗净，去蒂、子，切菱形片；将盐、胡椒粉、白糖、香油、淀粉、水调成汁。
3. 油锅烧热，放入嫩姜、葱段略炒香，下入鸡片炒至肉色转白，下入红甜椒片，烹入料酒，淋汁，大火翻炒，出锅入盘即可。

**营养功效**

本品具有温阳活血、健脾开胃的功效。

产后第27天

桑葚牛骨汤

## 哺乳妈妈一日食谱

**早餐** 豆浆1杯 + 葱花饼1块 + 煮鸡蛋1个 + 凉拌茼蒿1份

**中餐** 麻酱花卷2个 + 清蒸鲈鱼1份 + 素炒西蓝花1份 + 肉丁黄豆汤1份

**15点加餐** 双皮奶1份 + 葡萄30克

**晚餐** 西米樱桃粥1碗 + 松仁玉米1份 + 桑葚牛骨汤1份 + 白菜猪肉包1个

**20点加餐** 红薯燕麦粥1碗 + 苹果1个

## 素炒西蓝花

**原料** 西蓝花250克，口蘑100克，胡萝卜半根。

**调料** 蒜末、盐各适量。

**做法**

1. 西蓝花洗净，切小朵；胡萝卜去皮，洗净，切片；口蘑洗净，切块。
2. 将西蓝花、口蘑、胡萝卜放入开水中焯烫30秒，捞出。
3. 油锅烧热，爆香蒜末，放入西蓝花、口蘑、胡萝卜炒匀，加入盐调味即可。

**营养功效**

此品有补肾填精、健脑壮骨、补脾和胃的功效，非常适合产后体虚的新妈妈食用。

## 桑葚牛骨汤

**原料** 牛骨500克，桑葚25克。

**调料** 姜片、葱段、盐、料酒、白糖各适量。

**做法**

1. 桑葚洗净，加少许料酒和白糖拌匀，上锅蒸一下。
2. 牛骨洗净，砸断，放入锅内，加清水煮开后撇去浮沫，加姜片、葱段再煮至牛骨发白；捞出牛骨，加入桑葚继续煮，开锅后加盐调味即可。

**营养功效**

本品补血益气、催乳下乳，对肝肾阴亏引起的头晕、失眠等具有显著食疗作用。

### 非哺乳妈妈一日食谱

**早餐** 芡实瘦肉粥1碗 + 家常土豆饼2块 + 牛奶1杯

**中餐** 米饭1碗 + 香煎鳕鱼1份 + 蕨菜肉丝汤1份 + 芦笋炒鲜蘑1份

**15点加餐** 煮黑玉米1根

**晚餐** 草莓绿豆粥1碗 + 胡萝卜牛肉煲1份 + 山药炒鱼片1份 + 家常饼1块

**20点加餐** 香橙核桃卷1个 + 茉莉蜂蜜茶1杯

## 芡实瘦肉粥

**原料** 大米200克，芡实50克，猪瘦肉100克。

**调料** 葱末、米酒、酱油、淀粉、盐各适量。

**做法**

1. 大米、芡实洗净，分别浸泡30分钟；猪瘦肉洗净，切丝，用米酒、酱油、淀粉腌5分钟。
2. 芡实放入滚水中煮软，将大米入锅，大火煮沸后改小火熬成粥，加入腌好的瘦肉丝煮熟，加入盐、葱末即可。

**营养功效**

此粥具有健脾除湿、固肾益精的功效，经常食用此粥可让新妈妈面色红润。

## 山药炒鱼片

**原料** 净鱼肉200克，山药150克。

**调料** 葱段、姜片、料酒、淀粉、水淀粉、香油、盐各适量。

**做法**

1. 将鱼肉洗净，横切成片，加入料酒、淀粉拌匀；山药去皮，洗净，切片。
2. 油锅烧热，煸香葱段、姜片，倒入鱼肉、山药轻轻翻炒，加入盐调味，炒至鱼肉及山药熟，用水淀粉勾芡，淋上香油略翻炒即可。

**营养功效**

此品具有健脾补气、补钙、润燥的功效，而且对产后腹泻也有一定的调理作用。

牛肉健脾丸

## 哺乳妈妈一日食谱

**早餐** 红枣乌梅粥1碗 + 茯苓饼2块 + 绿豆芽炒豆腐丝1份

**中餐** 米饭1碗 + 牛肉健脾丸1份 + 竹筒蒸肉1份 + 丝瓜紫菜汤1份

**15点加餐** 核桃仁30克 + 椰奶西米露1杯

**晚餐** 小米红薯粥1碗 + 糖醋鱼1份 + 清炒小油菜1份 + 小花卷1个

**20点加餐** 香蕉1根 + 苹果派1块

## 绿豆芽炒豆腐丝

**原料** 绿豆芽250克,豆腐皮2张。

**调料** 葱末、姜末、香油、盐各适量。

**做法**

1. 绿豆芽择洗干净;豆腐皮洗净,切丝,用开水煮2分钟,捞出沥水。
2. 油锅烧热,爆香葱末、姜末,倒入豆腐丝翻炒,加盐、水继续翻炒片刻,倒入绿豆芽,淋入香油翻炒均匀即可。

**营养功效**

此品温中补肾,能改善血液循环、抗氧化,非常适合四肢无力、便秘的新妈妈食用。

## 牛肉健脾丸

**原料** 牛肉、山药干、莲子、茯苓各200克,红枣10颗。

**做法**

1. 牛肉洗净,切片,焙干至焦黄,研为粉末;将山药干、莲子、茯苓一起共研为末;红枣洗净,去核,蒸熟。
2. 将牛肉粉末及山药粉、莲子粉、茯苓粉和红枣共捣碎,捏成丸即可。

**营养功效**

此品具有健脾和胃、强壮筋骨、滋补肝肾的功效,适用于新妈妈肾虚腰痛、全身乏力、消化不良等症。

百合银耳粥

### 非哺乳妈妈一日食谱

**早餐** 百合银耳羹1碗 + 荷包蛋1个 + 牛奶1杯 + 豆苗拌桃仁1份

**中餐** 米饭1碗 + 板栗玉米炖排骨1份 + 青椒炒山药片1份 + 蕨菜肉丝汤1份

**15点加餐** 鲜椰汁1杯 + 开心果1小把

**晚餐** 紫菜鳗鱼卷2个 + 虾仁炒油菜1份 + 香葱炝木耳1份

**20点加餐** 酸奶1杯 + 香橙核桃卷1个

## 百合银耳羹

**原料** 百合80克,干银耳10克,枸杞子20克。

**调料** 冰糖适量。

**做法**

1. 百合一片片摘下,洗净;银耳、枸杞子分别泡软,将银耳去蒂,用手撕成大小适中的块状。
2. 银耳放入锅内,加水淹没,中火煮约15分钟后,加入枸杞子煮5分钟,再加入冰糖煮溶,放入百合煮软即可。

**营养功效**
此品可起到润肺益气、清热宁心、美肤养颜的作用。

## 板栗玉米炖排骨

**原料** 猪排骨350克,玉米棒1根,板栗50克。

**调料** 葱花、姜末、盐、高汤各适量。

**做法**

1. 将猪排骨洗净,剁成小块,焯去血水;玉米棒洗净,切块;板栗去壳、去皮,洗净。
2. 油锅烧热,将葱花、姜末爆香,下入高汤、猪排骨、玉米棒、板栗,炖至熟后调入盐即可。

**营养功效**
此品对于体虚贫血、脾胃不和、食欲不振的产后妈妈有极佳的滋补作用。

产后第29天

栗子腰片粥

## 哺乳妈妈一日食谱

**早餐** 栗子腰片粥1碗 + 蒸紫薯1个 + 荷包蛋1个 + 圣女果5颗

**中餐** 鸡丝面1份 + 煮黑玉米1根 + 香煎鳕鱼1份 + 凉拌猪耳1份

**15点加餐** 双皮奶1份 + 饼干2块

**晚餐** 米饭1碗 + 肉末豆腐1份 + 金枪鱼沙拉1份 + 三丝莼菜汤1份

**20点加餐** 芝麻燕麦粥1碗 + 酥梨1个

## 栗子腰片粥

**原料** 大米100克,猪腰90克,栗子50克。

**调料** 盐适量。

**做法**

1. 大米淘洗干净,浸泡半小时;栗子去皮后切成碎粒;猪腰洗净,切成薄片。
2. 将大米、栗子放入锅内,注入适量清水,待粥将沸时放入猪腰片,再沸时改用小火慢煮至米烂粥稠,下盐调味即可。

**营养功效**

此粥具有养胃健脾、补肾强腰的功效,适用于脾胃虚弱的新妈妈食用。

## 三丝莼菜汤

**原料** 莼菜300克,熟冬笋、鲜香菇、鲜蘑、番茄、油菜各50克。

**调料** 姜末、香油、鲜汤、料酒、盐各适量。

**做法**

1. 莼菜择洗干净,用沸水焯烫后捞出沥干;熟冬笋、香菇、鲜蘑洗净,切丝;番茄、油菜洗净,切片。
2. 油锅烧至五成热,加入鲜汤、香菇、冬笋、鲜蘑、莼菜、番茄烧开后,放入盐、姜末、料酒调味,投入油菜略煮,淋上香油即可。

**营养功效**

此品具有清热解毒、润肤利水的作用。

### 非哺乳妈妈一日食谱

**早餐** 核桃虾仁粥1碗 + 小笼包3个 + 荷包蛋1个 + 凉拌莴笋1份

**中餐** 蛋包饭1份 + 豆腐鲫鱼汤1份 + 芦笋甜椒鸡片1份

**15点加餐** 全麦小面包1个 + 猕猴桃汁1杯

**晚餐** 番茄牛肉意面1份 + 苹果蜜枣无花果汤1份 + 豆干拌西芹1份

**20点加餐** 桑葚草莓布丁1份

## 核桃虾仁粥

**原料** 大米100克，核桃仁、虾仁各30克。

**调料** 盐适量。

**做法**

1. 大米、核桃仁、虾仁分别洗净。
2. 将大米放入锅中，加入适量清水，用大火烧沸，放入核桃仁、虾仁，再改用小火熬煮成粥，下入盐拌匀即可。

**营养功效**

本品具有补肾助阳的功效，适用于具有肝肾亏虚所致的头目眩晕、耳聋耳鸣、心悸失眠、大便秘结等症状的新妈妈。

## 豆干拌西芹

**原料** 西芹100克，豆腐干50克。

**调料** 香油、盐各适量。

**做法**

1. 西芹择洗干净，斜切成厚片，入沸水中焯烫断生，捞出沥水；豆腐干洗净，切条，入沸水中略焯。
2. 将西芹与豆腐干放入盘中，加入盐和香油拌匀即可。

**营养功效**

此品补血益肾、健脑益智，还可帮助新妈妈缓解产后便秘。

## 产后第30天

肉丁炒胡萝卜

### 哺乳妈妈一日食谱

**早餐** 馒头1个 + 绿豆紫薯粥1碗 + 豆苗拌鸡丝1份

**中餐** 杂粮饭1碗+肉丁炒胡萝卜1份+黄花木耳炒鸡片1份+冬瓜鲜虾汤1碗

**15点加餐** 松子仁粥1份 + 葡式蛋挞1个

**晚餐** 菠菜鸡蛋面1碗 + 墨鱼仔肉片汤1份 + 凉拌藕片1份

**20点加餐** 香蕉1根 + 煮花生1小把

## 肉丁炒胡萝卜 中餐

**原料** 猪里脊肉、胡萝卜各150克。

**调料** 姜片、酱油、盐、醋、白糖、淀粉各适量。

**做法**

1. 猪里脊肉洗净,切小丁;胡萝卜去皮,洗净,切小丁;将盐、酱油、白糖、醋、淀粉加水调成芡汁。
2. 锅加油烧热,肉丁下锅炒散,放入姜片,放入胡萝卜丁煸炒片刻,加入芡汁爆炒几下即可。

**营养功效**

本品适合肾阴虚、肝阳上亢导致的眼睛干涩、充血的新妈妈食用。

## 凉拌藕片 晚餐

**原料** 莲藕300克。

**调料** 葱末、姜末、白糖、醋、盐各适量。

**做法**

1. 莲藕去皮,洗净,切薄片,入沸水锅中焯水断生,捞出过凉,装入盘中。
2. 将葱末、姜末、白糖、醋、盐、凉白开调匀,浇在藕片上即可。

**营养功效**

莲藕营养丰富,有明显的补益气血、增强人体免疫力的作用,对新妈妈特别适合,还有通络活血、催乳补气的作用。

### 非哺乳妈妈一日食谱

**早餐** 花生红豆粥1碗 + 南瓜发糕1块 + 银丝菠菜1份

**中餐** 小米饭1碗 + 香菇竹荪煲鸡汤1碗 + 韭菜炒海肠1份

**15点加餐** 玉米燕麦糊1碗 + 核桃仁30克

**晚餐** 红薯粥1碗 + 西蓝花炒牛肉1份 + 蔬菜沙拉1份 + 发面饼1块

**20点加餐** 花生杏仁露1杯 + 玫瑰饼1块

## 花生红豆粥 早餐

**原料** 红豆50克，花生米、大米各100克。
**调料** 冰糖适量。

**做法**

1. 红豆洗净，浸泡2小时；花生米洗净，浸泡10分钟；大米洗净。
2. 将红豆、花生米下锅，加适量清水，大火煮开后转小火煮约30分钟，再加入大米煮开，转小火煮40分钟左右，加冰糖煮化即可。

**营养功效**

此品具有补益脾胃、润肺化痰、理气通乳的功效。

## 香菇竹荪煲鸡汤 中餐

**原料** 干香菇8朵，母鸡1只，竹荪10根，胡萝卜1根。
**调料** 葱段、姜片、米酒、盐各适量。

**做法**

1. 母鸡收拾干净；竹荪洗净，放入沸水中焯烫一下；香菇泡发，洗净；胡萝卜洗净，去皮，切片。
2. 将母鸡放入砂煲内，倒入没过鸡肉的清水，放入米酒、姜片、葱段煮开；放入香菇，改小火炖煮约1小时后放入竹荪、胡萝卜片，煮半小时调入少许盐即可。

**营养功效**

本品具有抗皱防衰、补气养血的功效，非常适合正在恢复期的新妈妈食用。

## 西蓝花炒牛肉

**原料** 西蓝花300克，牛肉100克，胡萝卜50克。

**调料** 姜片、蒜泥、料酒、生抽、淀粉、白糖、盐、水淀粉各适量。

**做法**

1. 西蓝花用水浸泡15分钟，洗净，切小朵，用盐水焯熟；胡萝卜洗净，去皮，切片；牛肉洗净，切薄片，加入生抽、淀粉、白糖腌10分钟。
2. 油锅烧热，爆香蒜泥，加入姜片、胡萝卜翻炒片刻，下入牛肉，加料酒煸炒，加入西蓝花翻炒，用水淀粉勾芡，下盐调味即可。

**营养功效**

这道菜可以为新妈妈月子期间补充营养，具有健体补虚、缓解便秘和疲劳的作用。

## 花生杏仁露

**原料** 杏仁50克，花生米30克。

**调料** 冰糖少许。

**做法**

1. 杏仁洗净，浸泡2小时，去皮；花生米洗净，浸泡3~4小时，剥去花生衣。
2. 将杏仁和花生米依次放入搅碎机中，加适量清水搅打成浆状，用纱布过滤两次，倒入汤锅中，加冰糖煮开即可。

**营养功效**

新妈妈常喝此饮可美容养颜、补血强身。

PART
4

# 产后不适特效食疗

产后贫血、便秘、恶露不净、
乳房胀痛、抑郁、腹痛、水肿等困扰着新妈妈。
对此,新妈妈要做好产后复查,
同时通过合理的饮食来调养,远离月子病。

# 一 贫血

产后贫血的发生和新妈妈的体质以及产后出血过多有着很大的关系。新妈妈贫血严重,会影响自身恢复及哺乳,从而影响宝宝的健康。

## 症状

末梢血液循环不良,并且伴有头晕、疲惫、乏力、面色苍白、食欲不振的情况,冬天会常感到手脚冰冷、发麻。

## 原因

1. 妊娠期间就有贫血症状,但未能得到及时改善,分娩后不同程度的失血使贫血程度加重。

2. 妊娠期间孕妇的各项血液指标都很正常,产后贫血是由于分娩时出血过多造成的。

## 饮食调理

1. 出现产后气血亏虚的贫血症状,应多吃能生血补血的食物,注意摄入蛋白质、铁、维生素$B_{12}$、叶酸、维生素C、维生素$B_6$等。

2. 饮食营养均衡很重要。含铁丰富的猪肝、猪血、蛋黄可适量多食;木耳、鱼贝类、瘦肉等也是不错的铁质来源。新鲜的蔬果也应适量摄取。

3. 除了在日常膳食中补充足够的营养,当产后贫血的妈妈饮食中不能满足铁质的需求时,应选择一些铁剂。

4. 一些补血的滋补中草药,如当归、黄芪、红枣、桂圆、阿胶等,可搭配补血的食材制作药膳,补血的效果很不错。

### 专家指导

脾胃为后天之本,气血生化之源。贫血要注意调补脾胃,要做到补而不滞、补不碍胃。贫血为阴血亏虚,应避免辛温燥热之品,忌食麻辣、烧烤、油炸食物。

## 鸡肝粥

**原料** 鸡肝、大米各100。
**调料** 葱花、姜末、盐各适量。
**做法**
1. 将鸡肝洗净，切细，与淘净的大米同放锅中。
2. 加清水适量，煮为稀粥，待将熟时调入葱花、姜末、盐，再煮一二沸即可。

**营养功效**
鸡肝中铁质丰富，是常用的补血食材。此粥可助新妈妈补血，改善贫血状况。

## 葡萄粥

**原料** 鲜葡萄、大米各100克。
**调料** 白糖适量。
**做法**
1. 鲜葡萄洗净，去皮、子，榨汁备用。
2. 大米淘净，放入锅中，加清水适量煮粥，待熟时调入葡萄汁、白糖等即可。

**营养功效**
中医认为，葡萄味甘、微酸，性平，具有补肝肾、益气血、开胃力、强筋骨的功效。新妈妈常喝此粥可改善贫血。

## 鸡汁补血粥

**原料** 大米100克，当归10克，川芎3克，黄芪、红花各5克。

**调料** 米酒、鸡汤各适量。

**做法**

1. 将当归、川芎、黄芪用米酒洗后，切成薄片。
2. 将当归、川芎、黄芪与红花同入布袋，扎紧袋口。
3. 布袋放入锅中，加入鸡汤和适量清水煎出药汁，去布袋，放入淘净的大米，大火烧开后改小火熬煮成粥即可。

**营养功效**

本品具有补血、理气、祛瘀的功效，适用于产后血虚所致的面色苍白者。

## 荔枝粥

**原料** 荔枝50克，大米100克。

**调料** 白糖少许。

**做法**

1. 将荔枝去壳取肉，与淘净的大米同放锅中，加清水适量煮粥。
2. 待熟时调入白糖，再煮一二沸即可。

**营养功效**

此粥具有健脾益气、养肝补血、理气止痛、养心安神的功效，适用于头晕、气虚的新妈妈。

## 桑葚蜂蜜膏

**原料** 桑葚200克，蜂蜜适量。

**做法**

1. 桑葚洗净，榨汁备用。
2. 将桑葚汁用小火煮至黏稠时，加入蜂蜜搅匀熬至膏状。

**营养功效**

本品可补肝益肾、滋阴养血，适用于气血虚损造成的贫血，还可养颜抗衰老。

## 木耳红枣橙味粥

**原料** 大米50克，干木耳10克，红枣10颗。

**调料** 冰糖、橙汁各适量。

**做法**

1. 大米淘洗干净，浸泡30分钟；红枣洗净，去核；木耳放入温水中泡发，除去杂质，撕成朵。
2. 将所有原料放入锅内，加清水适量，用大火烧开，改小火炖至木耳软烂、大米成粥后，加适量冰糖和橙汁调味即可。

**营养功效**

木耳、红枣富含铁质，都是补血养血的佳品。本品能补血养颜、润肤祛斑。

## 香芋牛肉煲

**原料** 牛肉、芋头各150克，香菇30克。

**调料** 葱段、姜片、蒜片、淀粉、料酒、盐、白糖各适量。

### 做法

1. 牛肉洗净，切片，加淀粉、料酒拌匀，腌渍30分钟；香菇泡软，去蒂；芋头洗净，去皮，切片。
2. 油锅烧热，放入葱段、姜片、蒜片爆香，倒入牛肉片、芋头片、香菇煸炒片刻，加盐、白糖、料酒、适量清水，煮10分钟，待芋头稍烂时倒入砂锅内，用中火煮数分钟即可。

### 营养功效

本品具有健脾开胃、气血双补、补虚养身的功效。

## 牛骨髓蒸蛋

**原料** 牛骨髓50克，鸡蛋2个。

**调料** 盐、胡椒粉、蚝油、葱末、水淀粉、香油各适量。

### 做法

1. 牛骨髓洗净，切段，焯烫；鸡蛋打散，加水、盐调味。
2. 鸡蛋上笼蒸熟，取出；牛骨髓放入锅中，加盐、胡椒粉、蚝油调味，用水淀粉勾芡，淋香油，浇在鸡蛋上，撒葱末即可。

### 营养功效

本品具有补肝益胃、补血益气、强筋骨的作用，新妈妈经常食用，可使面色红润、有光泽。

### 人参蛤蜊汤

**原料** 蛤蜊12粒，人参片15克，枸杞子20克。
**调料** 葱末、盐、米酒各适量。
**做法**
1. 蛤蜊放入清水中吐净泥沙。
2. 锅中倒入适量清水煮沸，放入人参片、枸杞子煮约5分钟，加入蛤蜊以大火煮沸，稍后加入葱末、盐、米酒，稍煮即可。

**营养功效**
此汤可改善贫血，刺激白细胞分裂，加强循环系统及消化系统的工作效率。

### 桂圆黑豆排骨汤

**原料** 黑豆60克，排骨200克，桂圆肉20克，红枣5颗。
**原料** 盐适量。
**做法**
1. 排骨洗净，切段，放入沸水中焯烫以去除血水；黑豆洗净，浸泡4小时；红枣洗净，去核；桂圆肉洗净。
2. 将排骨、黑豆、桂圆肉、红枣放入锅内，加足量清水，用大火烧开，转小火炖至肉熟，加盐调味即可。

**营养功效**
本品具有补气养血、补虚强身的功效。

### 陈皮参芪猪心汤

**原料** 陈皮15克,党参12克,黄芪10克,猪心1具。

**调料** 姜片、盐各适量。

**做法**

1. 党参、黄芪洗净;陈皮洗净,浸泡至软,切丝;猪心洗净,剖开再洗净。
2. 将党参、黄芪、陈皮、猪心与姜片一起放进砂煲,加适量清水,大火煮沸后改用小火煲2小时,下盐调味即可。

**营养功效**

本品具有补心养血、行气解郁的功效,是产后妈妈补血养血的佳品。

### 黑芝麻黑豆泥鳅汤

**原料** 泥鳅250克,黑豆50克,黑芝麻10克。

**调料** 盐适量。

**做法**

1. 将黑豆、黑芝麻炒熟;泥鳅净膛洗净,用盐腌约10分钟,用开水焯烫。
2. 锅加油烧热,将泥鳅煎至两面微黄,盛起。
3. 砂锅加适量清水,煮至水开后加入泥鳅、黑豆、黑芝麻,待再次烧开后小火炖约1小时,加入盐调味即可。

**营养功效**

本品有益气补血、补肾填精的功效,适合气血亏虚、产后贫血的新妈妈。

## 羊肉红枣汤

**原料** 羊肉100克，红枣5颗。
**调料** 葱丝、姜丝、盐各适量。
**做法**
1. 羊肉洗净，切片；红枣洗净，去核。
2. 将羊肉、葱丝、姜丝、红枣放入锅中，加入适量清水，炖煮至羊肉软烂，放盐调味即可。

**营养功效**
本品具有补血、益气、止血、催乳的功效。

## 首乌黑豆牛肉汤

**原料** 牛肉200克，黑豆100克，桂圆肉30克，何首乌20克，红枣6颗。
**调料** 葱末、姜末、盐、料酒各适量。
**做法**
1. 黑豆洗净，用温水浸泡软；红枣及桂圆肉洗净，红枣去核；何首乌洗净。
2. 将牛肉洗净，切成大片，放入锅中，加适量清水煮开，除去浮沫，放入料酒，将何首乌、黑豆、红枣、桂圆肉一起放入汤中煲2小时，加葱末、姜末、盐调好味即可。

**营养功效**
本品具有补虚养血的功效，适用于各种贫血症状。

# 二 便秘

新妈妈产后饮食如常，但大便数日不行或排便时干燥疼痛，难以解出者，称为产后便秘。这是最常见的产后病之一。

## 症状

便意少，便次也少；排便艰难、费力；排便不畅；大便干结、硬便，排便不净感；伴有腹痛或腹部不适。

## 原因

1. 胃肠功能减弱，蠕动缓慢，肠内容物停留过久，水分被过度吸收。

2. 分娩时会阴和骨盆或多或少受损伤，神经反射性抑制排便动作。

3. 产后饮食过于讲究，缺乏膳食纤维，食物残渣减少。

4. 下床活动少，许多新妈妈又不习惯在床上用便盆排便。

 专家指导

需要注意的是，切不可食用未完全熟透的香蕉，未完全熟透的香蕉会对肠道产生收敛作用，导致便秘加重。

## 饮食调理

1. 调整膳食结构。每日进餐应适当配有一定比例的杂粮，要粗细粮搭配，做到主食多样化。注意摄入富含膳食纤维的新鲜蔬菜和水果。蔬菜可选择菠菜、芹菜、洋葱、竹笋、圆白菜、西蓝花等，水果可选择香蕉、苹果、梨、杏等。

2. 新妈妈宜多饮水。新妈妈失血多，不时还有恶露排出，因此要补充水分，如补充白开水、淡盐水、菜汤、豆浆、果汁等。

3. 要多吃植物油，如香油、花生油、豆油等，植物油能直接润肠。

4. 要适当选择食用"产气"食物，如豆类、红薯、土豆、洋葱、萝卜等。这些食物进入肠道后可促进肠蠕动加快，有利于排便。

## 决明子粥

**原料** 决明子15克,大米50克。

**做法**

1. 决明子洗净,放入锅中,用小火炒至微有香气时取出。
2. 将决明子放入锅中,加清水适量,浸泡5～10分钟后,水煎取汁。
3. 决明子煎汁加大米煮为稀粥即可。

**营养功效**

此粥具有清肝明目、润肠通便的功效,适用于大便秘结的新妈妈。

## 陈皮粥

**原料** 陈皮10克(鲜者加倍),大米100克。

**做法**

1. 陈皮择净,切丝。
2. 陈皮丝水煎取汁,加淘净的大米煮为稀粥即可。

**营养功效**

中医认为陈皮味辛、苦,性温,归脾、胃、肺经,具有理气和中、燥湿化痰、利水通便的功效。新妈妈喝此粥可润肠通便,缓解便秘症状。

## 五豆糙米粥

**原料** 糙米100克,黑豆、红豆、黄豆、芸豆、绿豆各50克。

**做法**

1. 将5种豆类分别淘洗干净,用清水浸泡4小时左右。
2. 锅中加入适量清水,放入糙米与5种豆类煮滚后,改用小火续煮至米豆开花即可。

**营养功效**

糙米、黑豆、黄豆可促进肠道蠕动,红豆有利水通便的功效。产后妈妈喝此粥可健脾和胃、宽肠利水。

## 红薯粥

**原料** 红薯200克,大米100克。
**调料** 白糖少许。

**做法**

1. 红薯洗净,连皮切为薄片。
2. 将红薯片与淘净的大米下锅,加适量清水同煮为稀粥。
3. 待熟时调入白糖,再煮一二沸即可。

**营养功效**

本品补益脾胃、通利大便,适用于脾胃虚弱、大便秘结症状。

## 萝卜粥

**原料** 白萝卜1根,大米100克。
**调料** 盐、香菜末各适量。
**做法**
1. 白萝卜洗净,去皮,切成小块;大米淘净。
2. 将大米放入锅中,加入适量清水,用大火煮沸,加入白萝卜块继续用大火熬煮,再次沸腾后改用小火熬至粥熟,将香菜末撒入粥中,入盐调味即可。

**营养功效**
本品能促进消化、润肠通便,适用于食欲缺乏、便秘者。

## 芹菜粥

**原料** 芹菜100克,大米50克。
**做法**
1. 芹菜择洗干净,切段;大米淘净。
2. 将大米放入锅中,加清水适量煮粥,待粥熟时调入芹菜段,再煮一二沸即可。

**营养功效**
产后新妈妈喝此粥可以润肠通便,缓解便秘症状。

## 无花果粥

**原料** 无花果10个,大米100克。
**调料** 白糖适量。
**做法**
1. 无花果洗净,切丁;大米淘净。
2. 锅中加适量清水,放入无花果、大米煮粥。
3. 待粥快熟时加入白糖,煮至粥熟即可。

**营养功效**
本品具有清热解毒、健胃清肠的功效,适合产后便秘者食用。

## 荠菜饮

**原料** 荠菜60克。
**做法**
1. 将荠菜择洗干净,切碎。
2. 荠菜碎入锅,加适量清水,煮二沸,起锅,弃渣,滤取汁液即可。

**营养功效**
荠菜味甘,性凉,入肝、肺、脾经,具有和脾、清热、利水、通便功效。产后新妈妈喝此饮可改善便秘。

## 蜂蜜柚子茶

**原料** 柚子200克,冰糖30克,蜂蜜20克。

**调料** 盐少许。

**做法**

1. 将柚子在热水中浸泡5分钟左右,将外皮剥下来,切成细丝,放点盐腌一下;将柚子果肉剥出,去子,捣碎。
2. 将柚子皮、果肉和冰糖放入锅中,加适量清水用大火煮,开锅后改为小火熬至黏稠,柚皮呈金黄透亮时关火,将黏稠的柚子汤汁冷却一下,放入蜂蜜搅拌均匀即可。

**营养功效**

本品具有清热降火、润肠通便、美容养颜的功效。

## 草莓葡萄菠菜汁

**原料** 草莓、葡萄各200克,菠菜50克。

**调料** 蜂蜜、盐各适量。

**做法**

1. 草莓洗净,放入淡盐水中略泡;菠菜洗净,切段,焯水;葡萄洗净,去皮除子。
2. 将草莓、菠菜、葡萄放入榨汁机中,搅打成汁后倒入杯中,加入蜂蜜和适量凉白开拌匀即可。

**营养功效**

这款果蔬汁有润肠通便、美容养颜的功效,产后便秘的新妈妈可以常喝。

## 南瓜绿豆汤

**原料** 老南瓜500克,绿豆100克。
**调料** 白糖(或盐)适量。
**做法**
1. 绿豆淘净;南瓜去皮、子,洗净,切小块。
2. 绿豆下锅,加入适量清水,用大火烧沸后用小火煮,当绿豆皮被煮裂时,下南瓜块,大火烧沸后改中火煮至南瓜软熟,根据个人口味调入白糖(或盐)即可。

**营养功效**
本品具有排毒养颜、清热去火的功效,非常适合产后便秘的妈妈。

## 菠菜魔芋汤

**原料** 菠菜300克,油豆腐150克,魔芋、鲜香菇各100克,红甜椒半个。
**调料** 盐适量。
**做法**
1. 菠菜洗净,切段,焯水;油豆腐洗净,切块;红甜椒洗净,去子,切丝;香菇洗净,切片;魔芋洗净,切了,用开水烫一下。
2. 锅中加适量清水煮开,放入菠菜、油豆腐、香菇、甜椒、魔芋煮熟,最后加盐调味即可。

**营养功效**
本品具有排毒减脂、润肠通便的功效。

### 芥菜魔芋汤

**原料** 芥菜300克，魔芋100克。
**调料** 姜丝、盐各适量。
**做法**
1. 芥菜去叶，择洗干净，切成大片；魔芋洗净，切片，焯水。
2. 锅中加适量清水，加入芥菜片、魔芋片及姜丝，用大火煮沸，转中火煮至芥菜熟软，加盐调味即可。

**营养功效**
本品具有抗癌消肿、润肠通便的作用，尤其适宜大便秘结者食用。

### 山药蔬菜烩

**原料** 山药300克，菜花、芦笋、番茄各150克。
**调料** 高汤、姜片、香油、盐各适量。
**做法**
1. 番茄洗净，去皮，切块；山药去皮，洗净，切条；芦笋洗净，切段；菜花洗净，切小朵。
2. 将山药、菜花、芦笋、番茄、姜片放入高汤中煮15分钟，加入香油、盐调味即可。

**营养功效**
山药健脾益胃，菜花、芦笋可以润肠通便。产后新妈妈喝此汤可改善便秘状况。

# 三 恶露不净

产后恶露有血腥味，但无臭味，其颜色及内容物随时间而变化，一般持续4~6周，总量为250~500毫升。如超出上述时间仍有较多恶露排出，称之为产后恶露不净。

## 症状

如果是宫内组织物残留，此时除了恶露不净，还有出血量时多时少、内夹血块，并伴有阵阵腹痛。如果是宫腔感染，恶露有臭味，腹部有压痛，并伴有发热，查血象可见白细胞总数升高。如果是宫缩乏力，表现为恶露不绝。

## 原因

**1** 组织物残留。子宫畸形、子宫肌瘤、手术操作者技术不熟练等原因，致使妊娠组织物未完全清除，导致部分组织物残留于宫腔内。

**2** 宫腔感染。可因手术操作者消毒不严等原因致使宫腔感染。

**3** 宫缩乏力。可因平素身体虚弱多病，或手术时间过长，耗伤气血，致使宫缩乏力，恶露不绝。

## 饮食调理

**1** 保证吃好、休息好。由于分娩会导致妈妈身心极度劳累，所以分娩后新妈妈应充分休息，家属不要轻易去打扰。应吃些营养高且易消化的食物，同时要多喝水，以促使身体迅速恢复。

**2** 活血化瘀、补血养血为重点。饮食上要注重补血，适当多摄入具有活血补血的食物和中草药，如益母草、山楂、玫瑰、桃仁、莲藕等具有活血化瘀的功效，红枣、桂圆、红糖、花生、当归、黄精、木耳、三七等具有补血止血的功效。

**专家指导**

传统中医对于产后恶露不净之症早有研究，主张治疗即应以补虚和祛瘀为主要原则，补虚以补益气血为主，祛瘀当配合理气药，取气行则血行之意。

## 山楂番茄汤

**原料** 番茄200克，山楂15克。
**调料** 葱段、姜片、盐各适量。

**做法**

1. 山楂洗净，去核，切片；番茄洗净，去皮，切薄片。
2. 油锅烧至六成热，加入姜片、葱段爆香，放入番茄片、山楂片、盐及适量清水，大火烧沸后改用小火煮30分钟即可。

**营养功效**

本品具有活血散瘀、消食开胃的功效，适用于产后恶露不净的新妈妈食用。

## 当归三七乌鸡汤

**原料** 乌鸡1只，当归15克，三七5克。
**调料** 姜块适量。

**做法**

1. 乌鸡收拾干净；当归、三七分别洗净。
2. 将所有原料及姜块装入砂锅内，倒入适量清水没过乌鸡，大火煮开，改小火煮10分钟；放入大容器中，上锅隔水蒸3小时，至鸡肉烂熟即可。

**营养功效**

这款汤是补血祛瘀的佳品，适合于产后恶露不净的女性食用。

## 红枣乌梅粥

**原料** 红枣20颗,乌梅15克,大米100克。

**调料** 白糖适量。

**做法**

1. 大米、乌梅分别洗净;红枣洗净,去核。
2. 乌梅入锅,加适量清水,水煎2次,每次煎20~30分钟,每次获得水煎乌梅汁约500毫升。
3. 合并2次水煎乌梅汁,加入红枣、大米煮成粥,加白糖调味即可。

**营养功效**

红枣益气补血,乌梅生津润燥。本品能益气生津、消积散瘀,适用于产后恶露不净。

## 山楂麦芽汤

**原料** 山楂、麦芽、薏米各10克,芡实12克。

**原料** 红糖适量。

**做法**

1. 将山楂、麦芽、芡实、薏米洗净,山楂去核后切片;将上述原料一同装入纱布袋内,扎紧。
2. 锅里倒入清水适量,放入纱布袋,用大火烧开,转用小火煮半小时,捡去纱布袋,加入红糖即可。

**营养功效**

本品具有活血化瘀的功效,可治疗产后恶露不净。但哺乳的妈妈应慎用麦芽,以免回奶。

## 红曲米粥

**原料** 大米100克,红曲米30克。

**做法**

1. 将大米、红曲米分别用清水淘洗干净。
2. 锅内放入适量清水,加入大米煮沸。
3. 锅开后再加入红曲米,用小火煮至粥熟米黏即可。

**营养功效**

本品具有健脾暖胃、活血化瘀的作用,适用于产后恶露不净。

## 莲藕粥

**原料** 莲藕100克,大米50克。

**调料** 盐、葱末各适量。

**做法**

1. 将莲藕削皮,洗净,切小块。
2. 将大米洗净,先入锅加适量清水熬粥。
3. 待粥熟时加入莲藕,煮至莲藕表面变色,加盐、葱末调味即可。

**营养功效**

此粥适合产后新妈妈喝,可活血化瘀,改善产后恶露不净。

## 玫瑰桂圆醋

**原料** 桂圆肉300克，米醋200克，玫瑰花5朵。

**调料** 冰糖适量。

**做法**

1. 桂圆肉洗净。
2. 以一层桂圆肉、一层冰糖的方式放入广口玻璃瓶中，再放入玫瑰花，倒入米醋，封紧瓶口。
3. 放置于阴凉处，浸泡3个月，即可开封稀释饮用。

**营养功效**

此品具有活血化瘀、调经、解郁的功效，适用于产后恶露不净。还具有开胃促食的作用。

## 佛手苹果菠萝汤

**原料** 佛手15克，菠萝200克，苹果2个。

**调料** 冰糖适量。

**做法**

1. 佛手、菠萝分别洗净，去皮，切片；苹果洗净，去皮、核，切块。
2. 锅中加适量清水，烧开后放入苹果、佛手、菠萝，煮开后改用小火炖1小时，加冰糖调味即可。

**营养功效**

本品疏肝理气、活血化瘀，适用于气滞血瘀导致的产后恶露不净。

## 玫瑰杏仁豆腐

**原料** 甜杏仁150克,琼脂、玫瑰花酱各5克。

**调料** 白糖适量。

**做法**

1. 杏仁用沸水焯一下,去皮洗净,用粉碎机打成末,加清水适量,放置15分钟后取汁备用。
2. 琼脂用水泡软,置于砂锅内,加入清水上火煮制,待琼脂煮化后加白糖、杏仁汁、玫瑰花酱,待烧沸后倒入碗中,冷却后即可食用。

**营养功效**

玫瑰花味甘、微苦,性微温,可理气解郁、化湿和中、活血散瘀。本品能疏肝活血、润燥养颜,适用于产后恶露不净。

## 绿豆煮莲藕

**原料** 绿豆100克,莲藕50克。

**调料** 盐(或白糖)适量。

**做法**

1. 绿豆洗净,用清水浸泡2小时;莲藕去皮,洗净,切小块。
2. 在锅中加入适量清水,烧开后加入莲藕、绿豆,用中火烧至莲藕、绿豆熟烂,加盐(或白糖)调味即可。

**营养功效**

本品具有滋阴养血、清热解毒的功效,适用于产后恶露不净、补血之用。

## 山楂糕

**原料** 山楂500克,红糖200克。

**做法**

1. 将山楂洗净,拍破,放入锅内,加清水适量,用大火烧沸后转用小火煎熬20分钟,取汁,这样重复取汁3次。
2. 将3次取得的山楂汁一起放入锅内煎熬,至山楂液稠厚时,加红糖搅匀,继续用小火熬煮至山楂糖液呈透明状时,停火,冷却后切长方块即可。

**营养功效**

山楂可消食积、散瘀血,红糖温体活血,本品适用于产后瘀阻、恶露不净。

## 桃仁饼

**原料** 桃仁20克,面粉200克。

**做法**

1. 将桃仁研成细粉,与面粉充分拌匀,加沸水和成面团,揉好后冷却。
2. 把面团擀成长方形薄皮子,涂上油,卷成圆筒形,用刀切成重约30克的小段。
3. 把每一段擀成圆饼,用平底锅烙熟即可。

**营养功效**

桃仁性平,味苦、甘,入心、肝、大肠经,有破血行瘀、润燥滑肠的功效。产后恶露不净的新妈妈可适量食用。

## 山楂苹果汤

**原料** 山楂50克,苹果2个。
**调料** 白糖适量。
**做法**
1. 山楂洗净,去核,切片;苹果洗净,去皮、去核,切小块。
2. 锅中放适量清水用大火煮开,放入山楂片煮约20分钟,放入苹果块。
3. 煮至苹果肉熟软后加白糖调味即可。

**营养功效**
本品健脾胃、消食积、散瘀血,对产后恶露不净有一定辅治效果。

## 银耳藕粉

**原料** 银耳25克,藕粉10克。
**调料** 冰糖适量。
**做法**
1. 将银耳泡发,去蒂,撕成小块。
2. 将银耳与冰糖一起放入锅中,加适量清水炖烂成汤汁。
3. 将汤汁冲入藕粉即可。

**营养功效**
银耳滋阴润肺、补气和血,藕粉养血止血、活血化瘀。产后新妈妈喝银耳藕粉对恶露不净有一定食疗作用。

# 四 乳房胀痛

生完宝宝后,不少新妈妈会出现乳房胀痛。这主要是由于分娩后,随着乳腺功能的改变以及泌乳量的增加,新妈妈乳房的乳汁处于瘀积状态,若哺乳没有顺利实现,乳房因此胀痛难耐。其成因多为乳汁排出不畅。

## 症状

出现双乳肿胀、硬结、疼痛,严重者可发展为乳腺炎,伴有发热症状。

## 原因

1. 产后3~6天乳腺不够通畅,乳汁积聚造成胀痛。
2. 新妈妈的乳头凹陷,加上乳汁黏稠,新生儿吸吮困难,造成乳房胀痛。
3. 在妊娠期间心情郁闷等使乳房形成硬块,造成下乳不畅。

## 饮食调理

1. 少喝汤,少吃高蛋白、高热量食物,清淡饮食,这样可以减少乳汁的分泌。
2. 改吃脱脂乳制品,多食用整粒谷物、水果和蔬菜。多摄入富含维生素A、维生素E和维生素C的食物,以及具有利尿消肿、清热排毒的食物。
3. 可在医生的指导下用一些通乳散结的中草药。如用通草、王不留行、柴胡、漏芦同煎汤饮,可以散结通乳,缓解乳房胀痛。

> **专家指导**
>
> 缓解乳房胀痛的好方法是让宝宝吸吮乳头,增加乳汁的吸吮量。如果乳房膨胀过大,宝宝吸吮有困难,可先用吸奶器把一部分乳汁吸出。宝宝吃饱后,多余的乳汁及时排空,避免瘀积。

## 花生通草粥

**原料** 花生米30克,通草8克,王不留行12克,大米50克。

**调料** 红糖适量。

**做法**

1. 花生米、大米洗净;将通草、王不留行加适量清水煎煮,去渣留汁。
2. 将药汁、花生米、大米一同入锅,加适量清水熬粥。
3. 待花生米、大米煮烂后,加入红糖拌匀即可。

**营养功效**

通草味甘淡,性微寒,入肺、胃经,能泻肺、利小便、下乳汁;王不留行,性味苦平。二药合用能通经下乳,缓解乳汁瘀堵导致的产后乳房胀痛。

## 通草猪蹄汤

**原料** 猪蹄1只,通草10克。

**调料** 葱花、盐、料酒各适量。

**做法**

1. 猪蹄洗净,切块,入沸水中焯烫以去血水,捞出。
2. 锅中加入适量清水,放入猪蹄、通草与料酒,先用大火煮开,转小火煮1~2小时直至猪蹄酥烂,撒入葱花,加入盐调味即可。

**营养功效**

猪蹄有较强的活血补血作用,通草有利水、通乳汁功能。新妈妈喝这道汤可让乳腺通畅,缓解乳汁瘀积导致的乳房胀痛。

## 鲫鱼通乳汤

**原料** 柴胡9克，王不留行12克，香附6克，鲫鱼1条（约重250克）。

**调料** 姜片、料酒、盐各适量。

**做法**

1. 鲫鱼收拾干净；柴胡、王不留行、香附用纱布包好，扎紧。
2. 油锅烧热，将鲫鱼入锅稍煎一下，加入姜片、料酒、适量清水及药包，大火煮开后转小火煮20分钟，捞去药包，加盐调味即可。

**营养功效**

柴胡可以用来治疗头痛目眩、月经不调、子宫下垂等；王不留行有活血通经、下乳消痈的功效；香附可理气解郁、调经止痛，用于肝郁气滞、月经不调、乳房胀痛。此汤可用来调理产后乳房胀痛。

## 柴胡当归饮

**原料** 柴胡6克，当归12克，王不留行9克，漏芦9克，通草9克。

**做法**

1. 锅中加适量清水，放入柴胡、当归、王不留行、漏芦、通草，小火慢煎。
2. 滤渣，取药汁即可。

**营养功效**

此汤汁可用来缓解产后乳房胀痛。

## 蒲公英金银花粥

**原料** 蒲公英50克，金银花30克，大米100克。

**做法**

1. 大米淘净。
2. 蒲公英、金银花放入锅中，加适量清水，小火水煎取汁。
3. 将大米放入煎汁中熬成粥即可。

**营养功效**

蒲公英、金银花均具有清热散毒、消肿止痛的作用。此粥可以用来缓解产后乳房胀痛。

## 人参黄精猪蹄汤

**原料** 人参6克，黄精20克，通草5克，猪蹄250克，花生米30克，红枣4颗。

**调料** 姜片、葱段、盐、料酒各适量。

**做法**

1. 将猪蹄洗净，切块，放入水中焯烫去除血水；人参、黄精、通草、花生米分别洗净；红枣洗净，去核。
2. 将所有原料一起放入砂锅中，加料酒、姜片、葱段、清水适量，用小火煮2～3小时至猪蹄软烂，加盐调味即可。

**营养功效**

通草、猪蹄都有痛经下乳功效，花生、红枣益气补血、止血，人参补气强身，黄精补脾益气。

# 五、产后抑郁

产后抑郁症是女性精神障碍中最为常见的类型，是女性生产之后，由于性激素、社会角色及心理变化所带来的身体、情绪、心理等一系列变化所致。

## 症状

产后抑郁常见症状是持久的情绪低落，表现为表情阴郁，无精打采，困倦，易流泪和哭泣，易发怒；对日常活动缺乏兴趣，对各种娱乐或令人愉快的事情体验不到愉快，常常自卑、自责、内疚；意志活动减低，很难专心致志地工作；失眠、头痛、身痛、头昏、眼花、耳鸣等。

## 原因

1. 内分泌变化。产后新妈妈体内激素水平急剧变化，导致情绪波动和生理改变。

2. 怀孕期间有过严重的情绪波动，如搬家、离婚、亲朋去世等。

3. 丈夫或其他亲属对孩子的性别不满意，以及丈夫的不良表现容易给新妈妈的情绪带来压力和委屈。有的家庭可能在新妈妈怀孕期间在经济上陷入了困境，妈妈担忧有了小宝宝后的生活问题。

4. 新妈妈或宝宝生病，疾病导致的极度紧张也会诱发抑郁症。

## 饮食调理

1. 吃可调节抑郁的食物。深海鱼中的多不饱和脂肪酸与常用的抗忧郁药如碳酸锂有类似作用；香蕉和牛奶中含有能使人快乐的物质，可以振奋人的精神、提高信心；葡萄柚里富含的维生素C可以抗压；菠菜富含叶酸，缺乏叶酸会导致忧郁；偶尔吃点黑巧克力，可以让心情愉快起来。

2. 慎吃含咖啡因的食物。辛辣刺激性食物也应尽量避免。

**专家指导**

多吃些甘甜的食物，如红枣、黑枣、桂圆干、红糖、葡萄干、香蕉等，甜食可以使人产生愉悦感。

## 百合粥

**原料** 百合30克,大米100克。
**调料** 冰糖适量。
**做法**
1. 百合、大米洗净。
2. 将百合、大米一起放入锅中,加适量清水煮粥。
3. 煮至粥熟时调入冰糖,再煮一二沸即可。

**营养功效**
本品具有润肺止咳、清心安神的功效,适用于产后虚烦失眠、多梦等。

## 酸枣仁粥

**原料** 酸枣仁10克,大米100克。
**调料** 白糖适量。
**做法**
1. 大米淘净;酸枣仁洗净,放入锅中,加清水适量浸泡5~10分钟,水煎取汁。
2. 将大米放入酸枣仁汁中煮粥,待粥熟时下白糖,再煮一二沸即可。

**营养功效**
此粥具有养心安神、生津敛汗的功效,适用于抑郁、烦闷、失眠、惊悸、怔忡,以及自汗、盗汗、津伤口渴等。

## 枣碎小米粥

**原料** 小米100克,红枣30克。
**调料** 蜂蜜适量。

**做法**

1. 小米洗净,浸泡1小时;红枣洗净,去核,切碎。
2. 锅中倒入适量清水烧开,放入小米,用大火煮沸,转小火续煮至米粥呈黏稠状,加入红枣碎搅匀盛起,食用时加入蜂蜜即可。

**营养功效**

小米本身具有益气补虚、健脾安神的作用,加红枣碎一起熬成粥,兼具补脾润燥、养血安神的功效。非常适合抑郁、失眠、食欲缺乏的新妈妈食用。

## 柏子仁粥

**原料** 柏子仁10克,大米100克。
**调料** 蜂蜜适量。

**做法**

1. 柏子仁去壳除杂,稍捣烂,放入锅中,加清水适量浸泡5~10分钟,水煎取汁。
2. 大米淘净,放入锅中,加入柏子仁汁煮为稀粥,待熟时调入蜂蜜即可。

**营养功效**

此粥具有润肠通便、养心安神的功效,适用于抑郁、心悸、失眠、健忘、多梦等。

## 莲子粥

**原料** 莲子30克,糯米100克。
**调料** 冰糖适量。
**做法**

1. 糯米洗净;莲子泡发,去心,洗净,倒入锅内,加适量清水,小火煮30分钟。
2. 放入糯米,大火煮10分钟,加冰糖,改用小火煮30分钟即可。

**营养功效**

莲子可清心醒脾、养心安神、补脾止泻。非常适合产后抑郁的新妈妈食用。

## 茯苓红枣粥

**原料** 茯苓粉30克,大米100克,红枣6颗。
**做法**

1. 大米淘净;红枣洗净,去核。
2. 将红枣放进锅中,加入适量清水,小火煮烂,加入大米煮粥。
3. 待粥熟时加茯苓粉,拌匀,再煮二三沸即可。

**营养功效**

此粥健脾补中、利水渗湿、安神养心,适用于新妈妈抑郁、烦躁失眠等症。

## 梅花栗子粥

**原料** 干梅花3克,栗子10颗,大米100克。

**调料** 白糖适量。

**做法**

1. 栗子去壳、去皮,洗净;大米淘净。
2. 将栗子与大米同放入锅中,加适量清水,小火煮成粥。
3. 待粥熟时,放入梅花、白糖,再煮二三沸即可。

**营养功效**

本品疏肝解郁、温补脾肾,适用于抑郁伤肝的新妈妈。

## 核桃天麻炖草鱼

**原料** 草鱼1000克,核桃仁30克,何首乌12克,天麻6克。

**调料** 姜片、盐、胡椒粉、料酒各适量。

**做法**

1. 何首乌、天麻洗净,用纱布包好;草鱼宰杀,去鳞、鳃、骨及内脏,洗净,切块。
2. 锅内加油烧热,下入姜片炒香,加清水适量,倒入纱布包、草鱼块、核桃仁及料酒,用大火烧开,再倒入砂锅中用小火煮1小时,加入胡椒粉、盐调味即可。

**营养功效**

天麻具有定惊熄风、清利头目的作用。此汤可辅治产后抑郁、头晕头痛。

## 柏子仁煮花生

**原料** 花生米500克，柏子仁30克。

**调料** 葱段、姜片、盐、花椒、桂皮各适量。

**做法**

1. 花生米去杂，洗净；柏子仁洗净。
2. 将花生米、柏子仁放于锅内，加葱段、姜片、花椒、桂皮及适量清水，用大火烧沸后改小火焖熟，加入盐调味即可。

**营养功效**

本品具有养心安神、益脾润肠的功效，对神经衰弱、心悸不眠、抑郁、健忘、怔忡等病有一定食疗效果。

## 百合沙参瘦肉汤

**原料** 猪肉300克，百合12克，银耳、沙参各10克，红枣4颗。

**调料** 盐适量。

**做法**

1. 猪肉洗净，切块；百合洗净，泡发；银耳用温水泡发，洗净，去杂质，撕成小块；红枣洗净，去核。
2. 将百合、红枣、沙参一起放入汤锅中，加适量清水大火煮沸，加入猪肉煮1小时，放入银耳，再煮10分钟左右，加盐调味即可。

**营养功效**

本品具有宁心安神的功效，适用于产后心情抑郁。

## 百合黑芝麻猪心汤

**原料** 猪心200克，百合30克，熟黑芝麻10克，红枣4颗。

**调料** 姜块、盐各适量。

**做法**

1. 猪心洗净，切成片；百合洗净，泡发；红枣洗净，去核。
2. 砂锅加适量清水，大火烧开后放进猪心、百合、熟黑芝麻、红枣及姜块，待再开时转小火煮至猪心熟，加盐调味即可。

**营养功效**

此汤具有养心安神、补气补血的功效，适用于新妈妈心气虚弱、心神不宁、神经衰弱、失眠、自汗等症。

## 养心三丝汤

**原料** 鸡蛋200克，火腿、鲜香菇各50克，酸枣仁10克。

**调料** 葱丝、姜汁、盐、料酒、香油、水淀粉各适量。

**做法**

1. 酸枣仁水煎取汁；鸡蛋煮熟，取蛋白切成丝；香菇洗净，与火腿均切成细丝。
2. 锅中加适量清水煮沸，先放入火腿丝、香菇丝煮10分钟，再倒入蛋白丝、酸枣仁煎汁及盐、料酒、葱丝、姜汁煮熟，用水淀粉勾芡，淋香油即可。

**营养功效**

此汤具有宁心神、益气力的功效，适用于产后抑郁、失眠多梦者。

## 酸枣仁排骨汤

**原料** 酸枣仁10克，百合20克，排骨200克。

**调料** 盐适量。

**做法**

1. 百合洗净，用温水浸泡约10分钟；酸枣仁用刀背略微压碎；排骨洗净，切段，焯烫去血水。
2. 将排骨、百合、酸枣仁、适量清水放入锅中，大火烧开后转小火煮至汤汁浓稠时，加盐调味即可。

**营养功效**

本汤可养心安神，适用于精神压力大引起的抑郁、失眠、多梦。

## 天麻鱼头汤

**原料** 鲢鱼头1个，天麻15克。

**调料** 葱段、姜片、料酒、盐、胡椒粉各适量。

**做法**

1. 天麻浸透洗净，切片；鲢鱼头去鳞、去鳃，洗净。
2. 锅中加适量清水及天麻，大火烧开，加入鲢鱼头、姜片、葱段、料酒，煮开后改用小火煮熟，加入盐调味，撒上胡椒粉即可。

**营养功效**

本品健脾补虚、益气补血、宁心安神，适用于产后抑郁、头晕头痛。

# 六 腹痛

分娩后，由于子宫的收缩作用，小腹会阵阵作痛，于产后1~2日出现，持续3~4日自然消失，西医称"宫缩痛""产后痛"，属生理现象，一般不需治疗。

## 症状

下腹部疼痛多在产后第1天出现，严重时疼痛难忍，3~4天后逐渐消失。疼痛呈阵发性，哺乳时加重。疼痛重时检查子宫变硬，隆起。

## 原因

1. 子宫收缩：疼痛较重的产后子宫收缩痛，多见于生育次数多、分娩过程较短的新妈妈。

2. 受寒：如果新妈妈受寒，或腹部着凉，此时血脉凝滞、气血运行不畅而导致腹痛。

3. 情绪不佳：新妈妈过悲、过忧、过怒，使肝气不疏，肝郁气滞，血流不畅以致气血瘀阻，从而造成腹痛。

## 饮食调理

1. 本病一般发生于产后几天，所以饮食应以营养丰富、易于消化、清淡为宜。由于新妈妈产后一般食量较大，故饮食应有节，以防发生伤食腹痛。另外，应忌食寒凉生冷之物。一些易引起胀气的食物，如芋头、黄豆、红薯、豌豆、牛奶等，也要少吃为宜。同时注意保持大便畅通，预防便秘。

2. 新妈妈宜食用羊肉、山楂、红糖、当归等。常用食疗方有当归生姜羊肉汤、八宝鸡、山楂红糖饮、生姜红糖饮、桂圆红枣红参汤、当归煮猪肝等。

 专家指导

如果产后腹痛严重并且出血过多，则须引起重视，避免大出血引起的腹痛。

## 油菜粥

**原料** 油菜150克，大米100克。
**调料** 盐适量。
**做法**
1. 油菜洗净，切细；大米淘净。
2. 将大米放入锅中，加清水适量煮粥，待快熟时放入油菜，煮至粥熟，调入盐即可。

**营养功效**
此粥具有散血消肿的功效，适用于产后血瘀腹痛、血痢腹痛及痛经等。

## 桃仁粥

**原料** 桃仁10克，大米100克。
**调料** 红糖适量。
**做法**
1. 桃仁择净，放入锅中，加清水适量，浸泡5～10分钟，水煎取汁；大米淘净。
2. 将桃仁煎汁加入大米中煮粥，待粥熟时下入红糖，再煮一二沸即可。

**营养功效**
本品具有活血化瘀、通络止痛的功效，适用于瘀血停滞所致的血瘀经闭、痛经，产后瘀阻腹痛。

## 当归川芎生姜羊肉汤

**原料** 当归、川芎各3克,生姜15克,羊肉200克。

**调料** 葱花、料酒、盐各适量。

**做法**

1. 羊肉、生姜洗净,切块;当归、川芎洗净,入砂锅,水煎取汁。
2. 将羊肉、煎汁、生姜放入砂锅中,加清水适量,大火烧开,加入料酒,转小火煮至羊肉熟烂,撒入葱花,加盐调味即可。

**营养功效**

此汤养血补血、温中散寒,可辅助治疗产后腹痛与产后血虚。

## 桂圆红枣红参汤

**原料** 桂圆肉50克,红参3克,红枣10颗。

**调料** 红糖适量。

**做法**

1. 桂圆肉、红参洗净;红枣洗净,去核。
2. 将桂圆肉、红参、红枣放入砂锅,加入适量清水浸泡60分钟后,先用大火煮开,改用小火炖约20分钟,加入红糖调味即可。

**营养功效**

此汤能大补气血、养血止痛,可辅治产后血虚腹痛。

## 生姜红糖饮

**原料** 红糖100克,生姜10克。

**做法**

1. 生姜洗净,切丝。
2. 锅中加适量清水,放入姜丝、红糖,小火煎约10分钟即可。

**营养功效**

此汤饮具有散寒祛瘀的作用,可辅助治疗产后腹痛、胃痛。

## 桂皮红糖汤

**原料** 桂皮10克,红糖20克。

**做法**

1. 桂皮洗净。
2. 锅中加适量清水,放入桂皮、红糖,小火煎约20分钟即可。

**营养功效**

桂皮具有祛寒止痛、散瘀消肿的作用;红糖有活血化瘀的作用。本品对产后腹痛有一定的治疗作用。

# 七　水肿

有的新妈妈在生产后会出现全身水肿，同时还要照料宝宝，显得疲惫不堪。产后水肿需要积极治疗，以免病情加重，威胁母婴健康。

## 症状

手指按压皮下组织少的部位（如小腿前侧）时，有明显的凹陷，多出现在下肢。水肿严重时还会累及面部，伴有四肢酸麻、头晕、心慌、频繁咳嗽等症状。

## 原因

1. 症状为全身水肿、头昏眼花、心悸气短、神疲乏力、面色萎黄、口唇色淡，这大多是由于**气虚血亏引起的水肿**。

2. 肿胀首先起于足部，逐渐扩展到小腿，并伴有神情抑郁、恶露颜色暗红且少，这大多是由于**气滞血瘀引起的水肿**。

3. 面目与四肢出现水肿，伴有肤色淡黄、神疲乏力、口淡无味、食欲不振、腹胀便溏，这大多是由于**脾虚引起的水肿**。

4. 产妇全身水肿，下肢最为明显，面色晦黯、心悸气短、手足发凉、腰腿软痛，这大多是由于**肾虚引起的水肿**。

5. 下肢水肿、身困倦乏、胸闷气短、舌苔黄腻、消化不良、脘腹胀满、小便短赤、消化不良、食欲不振，这大多是由于**湿热下注引起的水肿**。

## 饮食调理

1. 分娩后新妈妈消化能力下降，饮食应清淡、易消化。尽量避免进食寒凉生冷的食物。

2. 饮食上要注意营养均衡，少吃高热量、高脂肪、高盐食品，以免肾脏负担过重。

3. 适当增加优质蛋白质的摄入，避免营养不良导致的水肿。

### 专家指导

一般情况下不必控制新妈妈喝水，但是在睡前要少喝。补品不要吃太多，以免加重肾脏负担。可多食脂肪少、蛋白质丰富的瘦肉或鱼类。

## 薏米粥

**原料** 薏米、大米各50克。
**调料** 白糖适量。
**做法**
1. 将薏米、大米淘洗干净，同放锅中，加清水适量煮粥。
2. 待熟时调入白糖，再煮一二沸即可。

**营养功效**
此粥具有利水渗湿、祛湿除痹、清热排脓的功效，适用于脾虚泄泻、小便不利、肢体肿满等。

## 冬瓜粥

**原料** 冬瓜100克，冬瓜子15克，大米100克。
**做法**
1. 大米淘净；冬瓜连皮洗净，切块；冬瓜子水煎取汁，备用。
2. 锅中加入冬瓜子水煎汁、冬瓜块、大米，煮沸后改用小火煮至粥稠即可。

**营养功效**
此粥具有清热解毒、利尿消肿、减肥降脂的功效，适用于水肿胀满、小便不利等。

## 荷叶莲子粥

**原料** 荷叶1张,莲子10克,糯米50克。
**调料** 冰糖少许。
**做法**
1. 糯米、荷叶、莲子分别洗净,糯米泡2小时,莲子浸泡30分钟。
2. 将荷叶铺在锅底,加入适量清水,大火烧开后加入冰糖、糯米,煮开后转小火煲1小时左右,加入莲子,继续小火煲20分钟即可。

**营养功效**
此品具有滋补元气、活血化瘀、养心安神、健脾补胃、益肾固本的功效。

## 玉米楂粥

**原料** 玉米楂、大米各50克。
**做法**
1. 玉米楂、大米淘净。
2. 将玉米楂与大米同放入锅内,加清水适量煮粥即可。

**营养功效**
本品具有调中开胃、利湿通淋的功效,适用于食欲缺乏、水肿尿少、小便淋涩等。

## 莴笋粥

**原料** 大米100克，莴笋150克

**调料** 盐、香油各适量。

**做法**

1. 大米淘洗干净；莴笋洗净，去皮，切小块。
2. 锅中加入适量清水，放入大米，用大火烧沸后放入莴笋块，再改用小火熬煮成粥，调入香油、盐即可。

**营养功效**

莴笋具有利五脏、通经脉、清热利尿的功效，适用于产后水肿。

## 杏仁薏米粥

**原料** 薏米50克，杏仁10克。

**调料** 白糖适量。

**做法**

1. 薏米、杏仁洗净。
2. 将薏米入锅，加适量清水煮粥至半熟，然后放入杏仁，待粥熟时加入白糖调味即可。

**营养功效**

此粥可健脾益胃、祛湿通痹，产后食用可消肿利尿。

## 薏米红豆粥

**原料** 薏米80克，红豆50克。
**调料** 冰糖适量。
**做法**
1. 薏米、红豆洗净。
2. 将薏米、红豆入锅，加清水适量，大火煮沸，转小火熬至粥稠，加冰糖调味即可。

**营养功效**
薏米、红豆都是利水消肿佳品。此粥适用于产后水肿。

## 鱼腥草粥

**原料** 鱼腥草30克，大米100克。
**调料** 白糖适量。
**做法**
1. 鱼腥草择洗干净，放入锅中，加清水适量浸泡5～10分钟后，水煎片刻取汁；大米淘净。
2. 将大米、鱼腥草煎汁放入锅内，加适量清水煮粥，待粥熟时调入白糖，再煮一二分钟即可。

**营养功效**
此粥具有清热解毒、消痈排脓、利尿通淋的功效，适用于湿热淋症、水肿尿少、口干咽痛等。

### 绿豆荷叶粥

**原料** 大米30克，绿豆80克，鲜荷叶30克。

**调料** 冰糖适量。

**做法**

1. 绿豆洗净，用温水浸泡2小时；大米淘洗干净，用冷水浸泡半小时；鲜荷叶洗干净。
2. 锅内加入适量清水、绿豆，用大火煮沸，改用小火煮至半熟，加入荷叶、大米，续煮至米烂豆熟，去除荷叶，以冰糖调味即可。

**营养功效**

本品具有消肿利水、清热祛湿的功效，适合产后水肿者食用。

### 黄花菜炒黄瓜

**原料** 黄花菜15克，黄瓜150克。

**调料** 盐适量。

**做法**

1. 黄花菜洗净，浸泡一会儿，用开水焯一下；黄瓜洗净，切条。
2. 将炒锅置大火上，加油烧至九成热，迅速倒入黄瓜及黄花菜，炒至熟透，加盐调味即可。

**营养功效**

黄花菜和黄瓜都有清热利尿、解毒消肿的功效。这道菜非常适合产后水肿的新妈妈。

## 蒜蓉空心菜

**原料** 空心菜400克。
**调料** 蒜蓉、盐各适量。
**做法**
1. 空心菜择去老叶，洗净。
2. 将炒锅置大火上，加油烧至五成热，倒一半量的蒜蓉炒出香味，加入空心菜，大火炒至八成熟时，加盐及另一半蒜蓉炒匀即可。

**营养功效**
此菜有清热利尿、解毒消肿的功效，非常适合产后水肿的新妈妈。

## 牛奶豆腐鲫鱼汤

**原料** 豆腐200克，鲫鱼500克，牛奶250克。
**调料** 姜片、葱花、盐各适量。
**做法**
1. 鲫鱼去鳞、鳃，剖洗干净；豆腐洗净，切块。
2. 油锅烧热，放入鲫鱼两面稍煎。
3. 将豆腐、鲫鱼、牛奶、姜片及适量清水放入砂锅，煮至鱼熟，撒入葱花，放盐调味即可。

**营养功效**
此汤可益养脏腑、利水消肿、强筋健骨，对营养不良性水肿有较好的食疗作用。